煤岩破裂过程中的声发射及分形特征研究

李回贵 著

北 京
冶金工业出版社
2019

内 容 提 要

本书共6章，系统地研究了煤岩失稳破坏过程的声发射特性，可以了解煤岩失稳破坏过程中的裂隙演化规律和煤岩损伤的动态过程。煤岩的宏观失稳破坏一般会滞后于声发射表现的前兆期，分析其前兆规律有利于预测预报冲击地压、突水、冒顶和煤与瓦斯突出等严重的矿山动力灾害。

本书可供从事煤炭采矿工程、岩土工程领域的工程技术人员阅读，也可供相关专业高等院校师生参考。

图书在版编目（CIP）数据

煤岩破裂过程中的声发射及分形特征研究/李回贵著. —北京：冶金工业出版社，2019. 12

ISBN 978-7-5024-8349-4

Ⅰ. ①煤… Ⅱ. ①李… Ⅲ. ①煤岩—岩石破裂—声发射—研究 ②煤岩—岩石破裂—形态特征—研究

Ⅳ. ①P618. 11

中国版本图书馆 CIP 数据核字（2019）第 292901 号

出 版 人 陈玉千

地　　址　北京市东城区嵩祝院北巷 39 号　邮编　100009　电话　（010）64027926
网　　址　www. cnmip. com. cn　电子信箱　yjcbs@ cnmip. com. cn
责任编辑　李培禄　美术编辑　彭子赫　版式设计　孙跃红
责任校对　郑　娟　责任印制　李玉山
ISBN 978-7-5024-8349-4
冶金工业出版社出版发行；各地新华书店经销；三河市双峰印刷装订有限公司印刷
2019 年 12 月第 1 版，2019 年 12 月第 1 次印刷
169mm×239mm；9. 5 印张；185 千字；137 页
46. 00 元

冶金工业出版社　投稿电话　（010）64027932　投稿信箱　tougao@ cnmip. com. cn
冶金工业出版社营销中心　电话　（010）64044283　传真　（010）64027893
冶金工业出版社天猫旗舰店　yjgycbs. tmall. com
（本书如有印装质量问题，本社营销中心负责退换）

前　言

随着浅部资源的逐渐减少，尤其是在我国中东部地区，煤矿开采深度和开采强度不断增加，煤矿开采环境逐步恶化；许多矿井随着深度的增加，矿井开始出现瓦斯涌出量增大、瓦斯压力增大、煤质变软、渗透性降低和均质性变差的现象，同时发生底板鼓起、冲击地压、冒顶事件等动力灾害的可能性明显增大。

声发射可以对煤岩失稳过程中内部状态的变化进行反演，同时也能够对煤岩失稳破坏过程中裂纹形成或扩展时的信息进行检测。分析和研究煤岩失稳破坏过程中声发射信号，可以对煤岩内部的结构变化进行推断，反演其破坏机制和损伤程度。因此，研究煤岩失稳破坏过程的声发射特性，可以了解煤岩失稳破坏过程中的裂隙演化规律和煤岩损伤的动态过程。煤岩的宏观失稳破坏一般会滞后于声发射表现的前兆期，分析其前兆规律有利于预测预报冲击地压、突水、冒顶和煤与瓦斯突出等严重的矿山动力灾害。

本书共6章。第1章介绍了煤岩破裂过程中力学、声发射及分形特征的研究意义。第2章介绍了声发射基础知识。第3章系统介绍了不同含水状态下煤样力学、声发射的差异；加载速率对煤样力学及声发射特征的影响；煤样强度对声发射特征的影响规律；不同破坏类型岩石声发射特征的差异；围压对煤样声发射特征的影响规律；煤层顶板、煤层及底板岩石的声发射差异；坚硬顶板岩石的力学及声发射特征。第4章主要采用RFPA数值模拟软件模拟不同强度煤样的声发射特征及不同加载速率下煤样破裂过程中的宏细观结构特征。第 5 章系统介绍了分形理论基础知识；含水率对煤样破裂过程中分形特征的影响规律；加载速率对煤样破裂过程中分形特征的影响规律；煤样强度对煤样破裂过程中分形特征的影响规律；围压对煤样破裂过程中分形特征的影响规律；顶底板煤岩破裂过程中的分形特征。第 6 章系统介绍了单轴压缩下煤岩的损伤理论模型；基于声发射参数的煤岩损伤理论模型。

完成本书的编写工作要特别感谢我的导师李化敏教授和高保彬副教授。两位老师不仅是我的学业导师，同时也是我的人生导师。在读书期间两位老师不仅对我的学习特别关心，对我的生活也非常照顾。恩师渊博的知识、敏捷的思维、高涨的工作热情、勤奋敬业的精神使我终生受益匪浅。工作后，两位老师对我也是特别关心，总是事无巨细地指导我，从本书的选题到内容的确定，从样品的采集到实验方案的确定，从实验数据的处理到成书，无不凝聚着两位老师的心血，正是两位老师的指导，才能使本书能够顺利完成。同时本书的完成得到了以下基金的重点支持，主要包括：贵州省重点学科矿业工程学科（黔学位合字 ZDXK ［2016］13 号）、贵州省教育厅科学基金（黔教合 KY ［2019］166 号）、贵州工程应用技术学院高层次人才科学研究项目（院科合字 G2018011 号）。

由于作者时间和水平所限，书中难免有不妥之处，恳请广大读者批评指正。

李回贵

2019 年 9 月 22 日

本 书 导 读

为了能够更好地将声发射技术应用到工程实践中，以三交河煤矿、屯留煤矿、龙山煤矿和布尔台煤矿煤岩为研究对象，利用 RMT-150C 型岩石力学伺服试验系统和 AE-win E1.86 型声发射监测仪，对不同强度煤样、不同含水状态下煤样、不同加载速率下的煤样、不同破坏类型岩石、不同围压下煤样、顶底板煤岩和坚硬顶板岩石的力学特征、声发射特征和分形特征进行了研究，并且利用 RFPA^{2D} 数值模拟软件对不同强度和不同加载速率下的煤样进行了数值模拟试验。主要成果如下：

（1）水对煤样的力学特性、物理特征和声发射特征具有一定的影响，单轴抗压强度减小了 25.71%，声发射峰值计数减小了 39.49%，峰值计数率减小了 46.08%，峰值能量减小了 18.30%；煤样的单轴抗压强度与加载速率的大小呈正相关关系，峰值计数、峰值能量、峰值计数率和峰值能率都与加载速率呈现出正相关关系；不同强度煤样破裂过程中的声发射峰值计数与煤样的超声波波速、弹性模量和密度呈现出正相关关系。3 种情况下的煤样破裂过程中都存在分形特征，3 种情况下的煤样破裂过程中的分形维数值随时间的变化趋势与应力随时间以及声发射计数随时间的变化趋势具有很强的一致性，都是先波动地上升到最大值再下降，并且在峰值分形维数值附近会出现突降再上升的现象。

（2）砂岩发生的是脆性破坏，泥岩发生的是塑性破坏。脆性破坏岩石的应力-应变过程可分为三个阶段：初始压密阶段、线弹性阶段和塑性破坏阶段，塑性破坏岩石可分为四个阶段：初始压密阶段、线弹性阶段、塑性破坏阶段和残余应力阶段。在初始压密阶段、线弹性阶段和塑性破坏阶段中脆性破坏岩石的声发射累计计数平均增长率要比塑性破坏的高。脆性破坏和塑性破坏岩石的声发射序列都具有分形特征，分形维数值在岩石破坏前会出现突降现象，但是塑性破坏岩石出现突降现象的时间要比脆性破坏的长很多。

（3）不同围压下煤样的声发射特性具有一定的差异性，围压越高前兆信息越明显。不同围压下煤样都具有分形特征，随着围压的增大，分形特征有所增强。煤样在失稳破坏过程中声发射序列的分形维数值都会出现一个波动-上升-突降的过程，提出可以作为煤样体失稳破坏的前兆信息。

（4）煤岩全应力-应变过程可分为四个阶段：初始压密阶段、准弹性阶段、塑性变形破坏阶段和残余变形阶段。初始压密阶段，声发射计数都比较低，累计计数增加的趋势特别缓慢；准弹性阶段，声发射计数有所增加，累计计数变化趋势相对较快；塑性变形破坏阶段，声发射计数都出现了跳跃式上升，声发射累计计数都出现了激增现象，但是砂岩的特别明显；残余变形阶段，声发射计数水平比较低，累计计数基本不增加了。煤岩破坏过程中声发射序列都具有分形特征，分形维数值在煤岩破坏前会出现突降现象，可以作为预测煤岩动力灾害的前兆。

（5）砂岩的主要骨架颗粒是石英和长石，并且以石英为主；胶结物主要有高岭石、黄铁矿、针十字沸石、绿泥石和斜绿泥石等，以黏土矿物为主。砂岩的微观结构非常致密，孔隙少，胶结程度高。砂岩的抗拉强度为4.825MPa，抗压强度为85.313MPa，弹性模量为13.814GPa，属于硬岩。砂岩的声发射累计计数可以分为声发射累计计数相对平静期、快速增长期和突增期三个阶段。砂岩的波形信号强度可以作为一种预警信号，在拉伸破裂区，预警为0.4mV，在压剪破坏区为4mV。不同应力阶段的声发射累计计数差异明显，当应力超过峰值应力的60%时，声发射累计计数增长比较明显。

（6）数值模拟结果：不同强度下煤样破裂过程中的声发射特性具一定的规律性，随着强度的逐渐增加，煤样的破坏形态开始由塑性破坏逐渐向脆性破坏过渡；不同加载速率对煤样破裂过程中的声发射特征具有一定的规律，声发射的峰值计数、峰值能量与加载速率的大小呈正相关关系；声发累计计数和累计能量与加载速率的大小呈负相关关系。

Summary

In order to better applied the acoustic emission techniques to engineering practice, focusing on rock-coal samples of Sanjiaohe mine, Tunliu mine, Longshan mine and Burtai coal mine, an experimental study is carried out to investigate the mechanics and acoustic emission characteristics of coal samples with different water bearing conditions, coal samples under different loading rates, rocks of different failure types, coal samples under different confining pressures, top and bottom coal rocks and hard roof rocks, by using RMT-150C rock mechanics test system and AE-win E1. 86 acoustic emission instrument. In addition, a numerical simulation experimental study is carried out to investigate the acoustic emission characteristics of varying degrees of metamorphism and different loading rates coal samples by using $RFPA^{2D}$ numerical simulation. The mainly test results:

(1) The experimental results: Water has a certain influence on the mechanical properties of coal samples, physical characteristics and acoustic emissi on characteristics. The uniaxial compressive strength decreases 25. 71%, the acoustic emission count decreases 39. 49%, the peak count rate decreases 46. 08%, the peak energy reduced 18. 30%. The relationship between uniaxial compressive strength and the loading rate was positively correlated, and the relationship between peak count, peak energy, peak count rate, peak energy rate and the loading rate was positively correlated. The relationship between the acoustic emission peak count, peak count rate and ultrasonic velocity, elastic modulus and density was negatively correlated of coal samples with different pecies in the rupture process. The three conditions

coal samples have fractal character-istics in the rupture process, the trends has a strong consistency of the fractal dimension with time and stress, acoustic emission counts with time of the three conditions coal samples in the rupture process. At the first, the fractal dimension fluctuations rise to a maximum and then decrease, and there will be appear a dump again rising phenonmenon near the peak of the fractal dimension.

(2) Brittle failure of sandstone was happened, and plastic failure of mudstone was happened. Stress-strain process of brittle failure rock was divided into three stages: initial consolidation phase, linear elastic stage and plastic collapse stage, plastic failure rock was divided into four stages: initial consolidation phase, linear elastic stage, plastic collapse stage and residual stress stage. Average growth rate of acoustic emission cumulative count of brittle failure rock higher the plastic failure rock in the initial consolidation phase, linear elastic stage and plastic collapse stage. Rock of brittle failure and plastic failure acoustic emission sequence have the fractal characteristics, The fractal dimension value will appear the jump up phenomenon before the damage of rock, but the plastic damage of rock fall phenomena of time more than the brittle failure.

(3) The coal has different acoustic emission characteristics under different confining pressure, the precursory information is more obvious with the confining pressure increased. The coal samples have the fractal characteristics under different confining pressure, the fractal characteristics will strength with the confining pressure increased. Acoustic emission sequence fractal dimension value will appear the process of volatility-rise-drop in the process of coal samples failure, this can be regarded as the precursor information to predict the collapse of the coal rock masses.

(4) Coal and rock complete stress-strain process was divided into four sta-

ges, initial consolidation phase, quasi elastic stage, plastic deformation stage and residual deformation stage. In the initial consolidation phase, acoustic e-mission count is small and increasing trend of cumulative count is very slow. In quasi elastic stage, acoustic emission has increased, and increasing trend of cumulative count is fast. In plastic deformation stage, acoustic emission count appears the jumping up phenomenon and cumulative count appears surge phenomenon. But sandstone is particularly evident. In the residual deformation stage, acoustic emission count is very small, and cumulative count did not increase. Acoustic emission sequence have fractal characteristics in the process of the coal rock failure. It is served as precursors to forecast coal rock dynamic disaster of the fractal dimension value will appear dump phenomenon in the process of the coal rock failure.

(5) The main framework particles of sandstone are quartz and feldspar, and mainly quartz. Cements are mainly pyrite, kaolinite, chlorite and zeolite cross needle, clinochlore, with clay minerals. The microscopic structure of sandstone is very dense, with few pores and high cementation degree. The tensile strength of sandstone is 4.825MPa, the compressive strength is 85.313MPa, and the modulus of elasticity is 13.814GPa, which belongs to hard rock. The acoustic emission cumulative count of sandstone can be divided into three stages, which are relatively quiet period, fast growth period and sudden increment period. The waveform signal strength of sandstone can be used as a warning signal. In the tensile fracture zone, the warning is 0.4mV, and the compression shear failure zone is 4mV. The cumulative count of acoustic emission in different stress stage has obvious. Moreover, the acoustic emission cumulative count growth is more obvious when the stress is more than 60% of the peak stress.

(6) The experimental results: It has a certain regularity of the acoustic e-

mission characteristics in the rupture of the coal samples with different degree heterogrneity. The coal samples, failure mode from the plastic collapse began gradually to brittle fracture with increasing of the degree heterogeneity. It has a certain regularity of the acoustic emission characteristics of coal samples in the rupture process under different loading rate, the relationship between the acoustic emission peak count, peak energy and the loading rate was positively correlated, the relationship between the acoustic emission cumulative counts, cumulative energy and the loading rate was negatively correlated.

目　　录

1 绪 论

我国是煤炭资源比较丰富的国家，同时也是煤炭资源消耗量比较大的国家之一。随着经济的快速发展，我国煤炭资源的消耗量在全国一次性能源生产和消费中的比例长期占 70% 以上；再加上我国是富煤（占世界 11% 左右）、贫油（占世界 2.4% 左右）、少气（占世界 2.4% 左右）的国家，所以煤炭资源对于我国显得非常重要。根据数据统计，2006 年我国一次性能源消费总量为 24.6 亿吨标准煤，其中煤炭占 69.4%；2007 年我国一次性能源消费总量为 26.6 亿吨标准煤，其中煤炭占 69.5%；2008 年我国一次性能源消费总量为 28.5 亿吨标准煤，占 68.7%；2009 年我国一次性能源消费总量为 30.5 亿吨标准煤，其中煤炭占 70.1%；2010 年我国一次性能源消费总量为 32.5 亿吨标准煤，其中煤炭占 66.1%；2011 年我国一次性能源消费总量为 34.3 亿吨标准煤，其中煤炭占 68.8%；2012 年我国一次性能源消费总量为 36.5 亿吨标准煤，其中煤炭占 65.0%；2013 年我国一次性能源消费总量为 37.6 亿吨标准煤，其中煤炭占 65.7%。根据《国家能源"十三五"规划》预测数据，到 2020 年我国一次性能源消费总量为 50.0 亿吨标准煤左右，其中煤炭消费总量控制在 41 亿吨以内。虽然根据国家发展需要，在未来的 30~50 年内我国的一次性能源结构将发生重要的变化，核能和可再生能源的比例会进一步得到提高，煤炭资源的比例还会持续下降，但是随着我国经济的快速发展，对能源的需求量不断上升，在未来的一段时间内对煤炭的需求量依然在不断地增加（如图 1-1 所示，从 2006 年到 2013 年的数据中可以看出，虽然比例下降了，但是对煤炭的需求量并没有下降），煤炭资源依然是保障我国能源安全稳定的基础能源。

随着浅部资源的逐渐减少，尤其是在我国中东部地区，煤矿开采深度和开采强度不断增加，煤矿开采的环境逐步的恶化；许多矿井随着深度的增加，矿井开始出现瓦斯涌出量增大、瓦斯压力增大、煤质变软、渗透性降低和均质性变差的现象，同时发生底板鼓起、冲击地压、冒顶事件等动力灾害的可能性明显增大。尤其是在我国的中东部地区，随着开采深度的增加，许多矿井进入了深部，出现了"三高一低（高采动次生应力、高原岩地应力、高瓦斯吸附压力及含量和低渗透性）"的恶劣开采环境，再加上深部采动岩体力学行为的非线性特征凸显，围岩对开采扰动和外部动力响应的敏感度增加，导致煤、岩、瓦斯动力灾害间相互作用、相互诱导作用明显，灾害形式由单一灾种（瓦斯灾害或冲击地压灾害

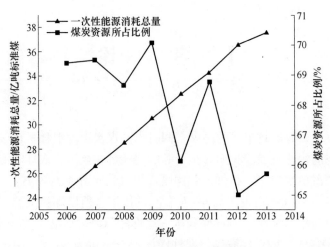

图 1-1 一次性能源消耗分析图

等）致灾演变为深部多灾种复合成灾及引发次生灾害，造成采煤环境和条件恶化、煤岩与瓦斯等动力灾害成因复杂、突发性和重大工程灾害威胁加重[1~3]。2005 年孙家湾发生的 "2.14" 特大瓦斯爆炸事故、2005 年平煤十二矿 "6.29" 事故、2007 年平煤十矿的 "11.12" 事故、2010 年平煤集团四矿发生的 "10.16" 事故、2014 年义煤集团千秋煤矿的 "3.27" 事故等均表现出了多种因素相互交织，在事故孕育、发生、发展过程中可能互为诱因，互相强化，或产生 "共振" 效应，使传统的灾害预测及防治方法难以奏效。这严重制约着我国煤炭企业的发展，给人民群众造成极大的伤害，社会影响比较恶劣。因此，在这种新的形式下研究煤矿动力灾害发生的机理、原因及预防对策显得极为重要。

煤岩体是非均质物质，内部含有多种杂质，在地应力和构造应力的作用下产生许多节理、裂隙。在载荷作用下，会产生损伤裂纹，随着载荷的逐渐增大而逐渐变化。在整个破坏过程中，一般会出现 4 个阶段，分别为初始压密阶段、线弹性阶段、塑性变形破坏阶段、残余变形阶段，在此过程中煤岩呈现的声学特性、力学特性、电磁特性和热学特性等能够反映煤岩的稳定性[4~6]。煤岩体的声发射特性可以较真实地反映其机械、物理、力学、结构综合性质的参数。通过研究其声发射特性，可以得知煤岩体的微观破坏活动规律，反演煤岩体的破坏机制和破坏程度，经过统计分析，可以得出在载荷作用下的声发射特性的变化规律及其声发射序列的分形特征，应用其成果可以预测预报矿井突水、冒顶、冲击地压、煤与瓦斯突出和矿震等煤矿动力灾害事故的发生，减少事故的发生率[7]。

声发射可以对煤岩失稳过程中内部状态的变化进行反演，同时也能够对煤岩失稳破坏过程中裂纹形成或扩展时的信息进行检测。声发射信号是内部贮存的部分能量以应力波的形式产生的，这些信息把岩石微观破坏的活动性反映出来了，同时也反映了岩石内部缺陷的发展演化过程。分析和研究煤岩失稳破坏过程中声发射信号，可以对煤岩内部的结构变化进行推断，反演其破坏机制和损伤程度。因此，研究煤岩失稳破坏过程的声发射特性，可以了解煤岩失稳破坏过程中的裂隙演化规律和煤岩损伤的动态过程。煤岩的宏观失稳破坏一般会滞后于声发射表现的前兆期，分析其前兆规律有利于预测预报冲击地压、突水、冒顶和煤与瓦斯突出等严重的矿山动力灾害。

参 考 文 献

[1] 张铁岗，李化敏，高建良，等．冲击地压与瓦斯突出互为诱因矿井灾害机理及对策研究 [R]．焦作：河南理工大学，2011.

[2] 孙学会，李铁．深部矿井复合型煤岩瓦斯动力灾害防治理论与技术 [M]．北京：科学出版社，2011.

[3] 姜耀东，赵毅鑫，刘文岗，等．煤岩冲击失稳的机理和实验研究 [M]．北京：科学出版社，2010.

[4] 刘保县，黄敬林，王泽云，等．单轴压缩煤岩损伤演化及声发射特性研究 [J]．岩石力学与工程学报，2009，28（增1）：3234-3238.

[5] 尚晓吉，张志镇，田智立，等．基于声发射测试的岩爆倾向性预测研究 [J]．金属矿山，2011，422（8）：56-59.

[6] 宁超，余锋，景丽岗．单轴压缩条件下冲击煤岩声发射特性实验研究 [J]．煤矿开采，2011，16（1）：97-100.

[7] 秦虎，黄滚，王维忠．不同含水率煤岩受压变形破坏全过程声发射特征试验研究 [J]．岩石力学与工程学报，2012，31（6）：1115-1120.

2 声发射技术的基础知识

2.1 声发射基本原理

材料中局部区域应力集中，快速释放能量并产生瞬态弹性波的现象称为声发射（acoustic emission，简称 AE），有时也称为应力波发射[1~3]。煤岩类材料失稳破坏过程中会出现声发射现象，但是我们人耳对大部分产生声发射的声音是无法感知到的，只有在煤岩类材料发生大的断裂时，产生了足够大的应变能的时候我们人耳才能感知到。在煤矿开采过程中，一般煤岩类材料破裂时产生的声发射比较微弱，人耳是无法感知到的。因此，只有借助声发射仪才能监测到声发射信号。

在地下采矿过程中，煤岩失稳破裂过程中的声发射现象是一种很常见的物理现象，但是一般人耳是无法察觉到的，微震监测技术原理和声发射监测技术原理是完全相同的，但是微震监测技术和声发射监测技术的频谱范围存在差异，研究煤岩类材料在失稳破坏过程中的声发射及分形特征，对冲击地压、突水、煤与瓦斯突出和冒顶等煤矿动力灾害的预防具有重要的理论和实践意义。图 2-1 为地震、冲击矿压、微震事件、声发射事件（岩石）和声发射事件（金属）的频谱分布示意图。

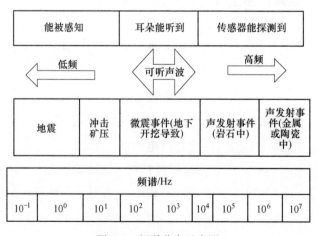

图 2-1 频谱分布示意图

2.2 声发射监测技术

声发射检测技术是无损检测的方法之一，但是由于其具有独特的优越性，在实际应用中具有很广泛的应用，在岩土工程中更是如此。与其他无损检测的方法相比，声发射检测技术在许多方面优于其他常规的无损检测方法，其优点主要表现为[4,5]：

（1）声发射是一种主动、动态的检验方法，然而超声或射线等探伤方法是一种被动的检测方法，是由无损检测仪器提供。

（2）对线性缺陷较为敏感，它能探测到在外加结构应力下这些缺陷的活动情况，稳定的缺陷不产生声发射信号；同时，声发射有着高精度，在材料裂纹萌生开始就有声发射信号的产生，声发射监测系统可以监测到非常小的裂纹的萌生、扩展过程。

（3）在一次试验过程中，声发射检测能够整体探测和评价整个结构中活性缺陷的状态；作为动态实时技术，可提供活性缺陷随载荷、时间、温度等参量而变化的实时或连续信息，实时监测裂纹、缺陷的萌发、发展、破坏，因而适用于整个过程在线监控及早期或临近破坏预报。

（4）适用于其他方法难于或不能接近环境下的检测，如高低温、核辐射、易燃、易爆、极毒等环境。

（5）在用设备在进行定期检验时，运用声发射检验方法可以缩短检验的停产时间或者不需要停产。

声发射信号是高频率、低能量的信号，它的频率范围从次声频到超声频，范围比较大，但是在地下采矿中，煤岩类材料的声发射是由于在采动的扰动和重力的共同作用下，在煤岩破裂过程中产生的，声发射信号比较微弱，一般人耳是无法感知和听到的，因此，必须借助于声发射监测仪才能监测到这些微弱的信号。声发射监测技术的基本原理是：声发射源发出信号，经介质传播到达换能器，换能器接受声发射信号进行声电转换，输出电信号，再由放大器将信号放大，最后根据电信号对声发射源进行解释（见图2-2）。通过对声发射信号分析和研究，可以了解在地下采矿过程中，煤岩失稳破裂的过程，了解煤岩的裂隙发展情况和发展程度，找到声发射源，了解声发射比较集中的部位，也能够推测微缺陷的形成历史和未来裂隙将会出现什么样的发展，找出更合适的前兆信息。

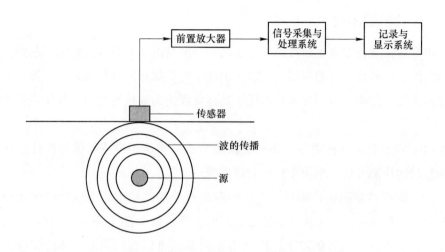

图 2-2　煤岩类材料的声发射监测示意图

2.3　声发射的传播

声发射波源处的波形包含了大量的波源定量信息，可以通过分析声发射波的信息定位出声发射源的位置，但是由于声发射波受到介质的传播特性和传感器的响应特性的影响，导致实际测得的信号波形与原波形相差很大，使声发射信号失真。因此，我们所获得的声发射波形特性参数的物理意义在很大程度上被淡化了。所以在实验条件设置和数据分析评价过程中首先考虑波的传播对波形造成的影响。

声发射在介质传播过程中，声发射波的传播方式主要分为以下几种（见图2-3）：

（1）横波。各个质点的振动方向与波的传播方向是垂直的波称为横波，在介质中传播的时候，横波能使介质相应地产生交变的剪切变形，所以横波又称为切变波或剪切波。由于气体和液体中没有能恢复横向运动的弹性力，故横波只有在固体中才能传播，而不能存在于气体和液体中。

（2）纵波。质点的运动方向与波的传播方向相同的波称为纵波，其质点的振动方向平行于波的传播方向。纵波由于在介质中传播的时候能产生质点的稀疏部分和稠密部分而又被称作疏密波。

（3）瑞利波（表面波）。瑞利波产生于气体介质和半无限大的固体介质的交界面上，它和横波一样只能在固体介质中传播而不能在气体或液体介质中传播，它是由瑞利（Rayleigh）在1887年首次研究提出并且证明其存在的。瑞利波可以看做是纵波和横波的合成。

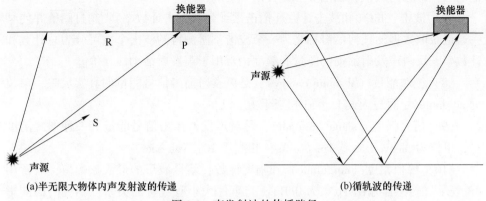

(a)半无限大物体内声发射波的传递　　　　　　(b)循轨波的传递

图 2-3　声发射波的传播路径

2.4　声发射信号的表征参数

本书的声发射基本参数主要有以下几个：

（1）声发射计数：在试验中声发射信号超过阈值的振铃脉冲次数。

（2）声发射累计计数：设定一定阀值的电压，当振铃波形超过这一阀值电压的部分形成一个持续一段时间的脉冲时，累计这些振铃脉冲数就是累计计数。振铃计数在一定程度上反映了声发射信号中的幅度。该参数主要用于连续型的声发射参数，如金属材料等。

（3）能量：声发射检测中的能量指的是把信号幅度的平方、事件的包络、持续时间的长短或事件包络的面积等作为能量参数，并不是声发射信号的真实物理能量。

（4）累计能量：在测量中，声发射信号的能量是与信号的幅度和幅度分布有关的参数。关于声发射信号的能量有多种不同的定义，但是该类定义多是数学上的定义，并不是声发射信号的真实物理量。能量一般指信号检波包络线下的面积，可分为总计数和计数率，反映事件的相对能量或强度，只是一个相对量，没有单位，对衡量和评测材料的断裂和损伤程度具有十分重要的作用。

（5）变化率参数：变化率参数是反映在一定条件下声发射信号在单位时间内的变化情况，是声发射信号瞬间特征的描述，是一个状态参数。变化率参数同材料内部的变形速率和裂纹的扩展速率有着直接的关系。这类参数主要有以下几种：

事件计数率：单位时间内发生的事件数；

振铃计数率：单位时间内发生的振铃数；

能量释放率：单位时间内测得的材料释放出声发射信号的能量。

（6）阈值（threshold）：对前置放大器的输出，设置高于背景噪声水平的门槛电压，即称为阈值，如图 2-4 所示。

（7）波击（hit）和波击计数（撞击累计数和撞击计数率）：超过阈值并使某一通道获取数据的任何信号称之为一个波击，所测得的波击个数可分为总计数和计数率。反映声发射活动的总量和频度，常用于声发射活动性评价。

（8）绝对能量（absolute energy）：是声发射撞击信号能量的真实反映，单位为 attoJoules（简写为 aJ），1aJ 相当于 10^{-18}J。

（9）信号强度（signal strength）：是对声发射撞击信号能量另一种形式的度量，单位为 picovolt-sec，1picovolt-sec 相当于 10^{-12}volt-sec。

（10）峰值幅度（amplitude）和幅度计数：信号波形的最大振幅值，通常用 dB 表示（传感器输出 1μV 为 0dB）。与事件大小有直接的关系，不受门槛的影响，直接决定事件的可测性，常用于波源的类型鉴别、强度及衰减的测量，如图 2-4 所示。

（11）有效值电压（RMS）：采样时间内信号的方均根（RMS）值，以 V 表示。与声发射的大小有关，测量简便，不受门槛的影响，适用于连续型信号，主要用于连续型声发射活动性评价。

（12）持续时间（duration）：信号第一次越过门槛至最终降至门槛所经历的时间间隔，以 μs 表示。与振铃计数十分相似，但常用于特殊波源类型和噪声的鉴别，如图 2-4 所示。

（13）上升时间（rise time）：信号第一次越过门槛至最大振幅所经历的时间间隔，以 μs 表示。因受传播的影响而其物理意义变得不明确，有时用于机电噪声鉴别，如图 2-4 所示。

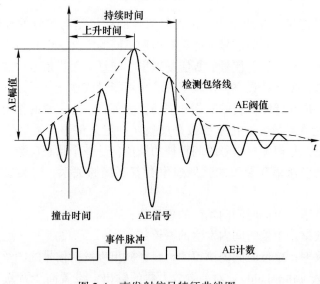

图 2-4　声发射信号特征曲线图

（14）到达时间（arrival time）：一个声发射波到达传感器的时间，以 μs 表示。决定了波源的位置、传感器间距和传播速度，用于波源的位置计算。

（15）大事件计数：是指声发射信号脉冲超过某一阈值（较大）并维持较长时间的事件的个数。

2.5 声发射的应用

声发射技术广泛应用于许多领域，主要包括以下方面：

（1）石油化工工业：低温容器、球形容器、柱形容器、高温反应器、塔器、换热器和管线的检测与结构完整性评价，常压贮罐的底部泄漏检测，阀门的泄漏检测，埋地管道的泄漏检测，腐蚀状态的实事探测，海洋平台的结构完整性监测和海岸管道内部存在砂子的探测。

（2）电力工业：变压器局部放电的检测，蒸汽管道的检测和连续监测，阀门蒸汽损失的定量测试，高压容器和汽包的检测，蒸汽管线的连续泄漏监测，锅炉泄漏的监测，汽轮机叶片的检测，汽轮机轴承运行状况的监测。

（3）材料试验：复合材料、增强塑料、陶瓷材料和金属材料等的性能测试，材料的断裂试验，金属和合金材料的疲劳试验及腐蚀监测，高强钢的氢脆监测，材料的摩擦测试，铁磁性材料的磁声发射测试等。

（4）民用工程：楼房、桥梁、起重机、隧道、大坝的检测，水泥结构裂纹开裂和扩展的连续监视等。

（5）航天和航空工业：航空器的时效试验，航空器新型材料的进货检验，完整结构或航空器的疲劳试验，机翼蒙皮下的腐蚀探测，飞机起落架的原位监测，发动机叶片和直升机叶片的检测，航空器的在线连续监测，飞机壳体的断裂探测，航空器的验证性试验，直升机齿轮箱变速的过程监测，航天飞机燃料箱和爆炸螺栓的检测，航天火箭发射架结构的验证性试验。

（6）金属加工：工具磨损和断裂的探测，打磨轮或整形装置与工件接触的探测，修理整形的验证，金属加工过程的质量控制，焊接过程监测，振动探测，锻压测试，加工过程的碰撞探测和预防。

（7）交通运输业：长管拖车、公路和铁路槽车的检测与缺陷定位，铁路材料和结构的裂纹探测，桥梁和隧道的结构完整性检测，卡车和火车滚珠轴承和轴颈轴承的状态监测，火车车轮和轴承的断裂探测。

（8）其他：硬盘的干扰探测，带压瓶的完整性检测，庄稼和树木的干旱应力监测，磨损摩擦监测，岩石探测，地质和地震上的应用，发动机的状态监测，转动机械的在线过程监测，钢轧辊的裂纹探测，汽车轴承强化过程的监测，铸造过程监测，Li/MnO_2 电池的充放电监测，人骨头的摩擦、受力和破坏特性试验，骨关节状况的监测。

参 考 文 献

[1] 文圣勇, 韩立军, 宗义江, 等. 不同含水率红砂岩单轴压缩试验声发射特征研究 [J]. 煤炭科学技术, 2013, 41 (8): 46-48.

[2] 张艳博, 黄晓红, 李莎莎, 等. 含水砂岩在破坏过程中的频谱特性分析 [J]. 岩土力学, 2013, 34 (6): 1574-1578.

[3] 宋战平, 刘京, 谢强, 等. 石灰岩声发射特性及其演化规律试验研究 [J]. 煤田地质与勘探, 2013, 41 (4): 61-65.

[4] 腾山邦久. 声发射 (AE) 技术的应用 [M]. 冯夏庭, 译. 北京: 冶金工业出版社, 1996.

[5] 纪洪广. 混凝土材料声发射性能研究与应用 [M]. 北京: 煤炭工业出版社, 2003.

3 煤样破裂过程中的力学及声发射特征研究

3.1 实验设备

3.1.1 加载设备

本书中所做的单轴压缩试验全部在中国科学院武汉岩土力学研究所研制的 RMT-150C 型力学实验机上进行。该系统可以进行单轴压缩实验、三轴压缩试验、剪切试验和单轴间接拉伸实验。该系统主要由主控计算机、液压控制器、三轴压力源、数字控制器、手动控制器、液压控制器、液压源等组成。实验设备及试件安装如图 3-1 和图 3-2 所示。

实验系统的功能、主要技术指标及试件规格如下：

（1）系统主要功能：

1）加载控制方式：载荷、位移、行程和组合；

2）输出波形：斜坡、正弦波、三角波、方波；

3）控制方式：自动、编程和手动。

（2）系统主要技术参数：

1）最大水平载荷：500kN；

2）最大垂直载荷：1000kN；

3）垂直活塞行程：50mm；

4）水平活塞行程：50mm；

5）最大围压：50MPa；

6）围压速率：0.001~1MPa/s；

7）加载速率：0.01~100kN/s；

8）变形速率：0.0001~1.0mm/s；

9）机架刚度：5000kN/mm；

10）疲劳速率：0.001~1.0Hz；

11）主机重量：4000kg。

（3）试件规格要求：

1）单轴压缩：圆形，直径 50.0~70.0mm，高度 100.0~140.0mm；

2）三轴压缩：圆形，直径 50.0±5mm，高度 100.0~110.0mm；

(a) 岩石力学试验系统

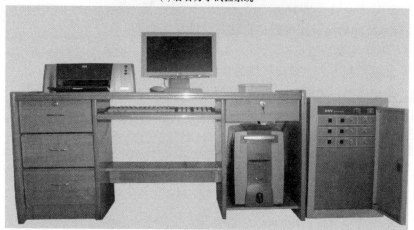

(b) 控制系统

图 3-1 实验设备

3）剪切：矩形，150.0mm × 150.0mm × 150.0mm，200.0mm × 150.0mm × 150.0mm，200.0mm×200.0mm×200.0mm。

3.1.2 声发射实验设备

声发射实验设备是由美国 Physical Acoustics Corporation （PAC）公司生产的 8 通道 AE-win E1.86 声发射仪。该系统为 8 通道系统（可扩充为 32 通道系统），系统采样频率范围为 1kHz~40MHz。该系统可以同时实现对信号的采集、空间定

图 3-2 试件安装

位、波形处理以及事件发生的时间。系统主要由主机、信号分析系统、电缆、前置放大器和传感器组成。声发射仪与信号分析系统如图 3-3 所示。

图 3-3 声发射仪和信号分析系统

声发射系统的主要技术参数：

（1）频率响应：1kHz~40MHz，±1.0dB 偏差；

（2）AE 模拟信号输入幅度：$V_{max} \leqslant 20V_{P\text{-}P}$；

（3）AE 信号滤波：100~300kHz 带通，或者用户选择；

（4）AE 信号峰值幅度：20~96.3dB；

（5）信号到达时间：分辨率100ns，最长 325 天；

（6）到峰计数值：分辨率为1，长度为 65535；

（7）计数值：分辨率为1，长度为 4294967295；

（8）上升时间：分辨率为 ADC 周期，长度为 65535 个 ADC 采样；

（9）持续时间：分辨率为 ADC 周期，长度为 4294967295 个 ADC 采样；

（10）幅度：1~65535，折合 0~96.3dB；

（11）能量数据长度：分辨率为1，64 位字长（大数可折算成科学计数方式）；

（12）RMS：分辨率为1，64 位字长；

（13）ASL：分辨率为1，48 位字长；

（14）撞击定义时间（HDT）：分辨率为 1.6μs，0~104ms；

（15）撞击闭锁时间（HLT）：分辨率为1μs，0~65ms；

（16）定位精度：小于 10mm；

（17）每秒可接收的撞击数（hits）：参数数据大于 20000hits，波形数据大于 6000hits（1024 字长度）；

（18）ADC 参数：分辨率16 位，采集速度利用软件可选择 1.5MHz、2MHz、3MHz、3.75MHz、4MHz、5MHz、6MHz、7.5MHz、8MHz、10MHz 其中之一。

3.1.2.1　声发射传感器

声发射传感器一般由壳体、保护膜、压电元件、阻尼块、连接导线及高频插座组成。声发射传感器的主要作用是接收物体破裂过程中的弹性波，并把接收到的弹性波转换成电信号。目前，大多数使用的传感器类型为压电传感器，即把接收到的弹性波转换成电信号，一般将 10^{-9} mm 的波动振幅变换为约 10^{-6} V 的电压信号。传感器在整个声发射系统中起着很大的作用，它直接关系到接收到的信号是否真实，如果接收到的信号由于传感器类型的不合适，导致声发射信号失真，再去对声发射信号进行处理就没有多大的意义了。声发射传感器的类型主要有：高灵敏度传感器、高温传感器、差动传感器、宽频带传感器、微型传感器、磁吸附传感器和电容式传感器等。图 3-4 为声发射传感器实物图。

煤岩类材料是一种具有各向异性、声波衰减系数比较小的材料，为了选择一种比较适合煤岩类材料的这种性质的传感器，经过分析，本书选用由美国物理声学公司生产的 R15a 型声发射传感器。传感器与被监测物体之间的间距越小，所监测的数据就越真实，以减少不必要的干扰。为了减小声发射传感器与被监测物体之间的间距，让声发射传感器与被监测物体贴得更紧，在传感器与被监测物体间涂上一层耦合剂，耦合剂具有稳定性好、均匀性好、衰减系数小和不易干燥等优点，使用耦合剂可以减少能量的损失，提高传感器的分辨率，减少实验中的误差。

图 3-4 声发射传感器

3.1.2.2 前置放大器

前置放大器（图 3-5）在声发射系统中担负着重要的作用，因为经过传感器输出的信号电压一般特别微弱，一般为毫伏（mV），有时甚至低到微伏（μV），但是现有的大部分声发射系统一般要求输入的电压为 1~15V，因此经过传感器的电压根本不符合要求，所以必须经过前置放大器对信号进行放大。前置放大器的灵敏度一般通过放大的倍数即增益来表示：

$$G = \frac{V_o}{V_i} \tag{3-1}$$

式中　V_o——前置放大器输出的电压；

　　　V_i——前置放大器输入的电压。

增益还有另一种表示方法，一般用对数分度来表示，单位是分贝（dB）。

$$G_{dB} = 20\lg G = 20\lg \frac{V_o}{V_i} \tag{3-2}$$

式中，V_o 与 V_i 的意义与上式相同。

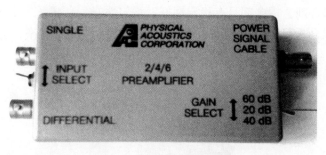

图 3-5　声发射前置放大器

3.2　试样的采集与制备

3.2.1　试样的采集

为了能够更好地研究煤样破裂过程中的声发射特性，分别在三交河煤矿、屯留煤矿、龙山矿取了三种煤样进行分析。煤的节理裂隙和孔隙非常发育，并且分布不均匀，离散性比较大，非均质性特别明显，为了能够保证煤样在取样的过程中尽可能地保证原始状态，减少外界的影响因素，在采样过程中采取了以下几种措施：

（1）所取的煤样尽可能取同一煤层同一地点的煤。

（2）为了避免混淆，对每个地点所取的煤样都进行了详细的记录，写明了所取煤样的地点、煤样种类、时间等。

（3）煤样在采集之后，由专人搬运上井，在搬运过程中保证轻拿轻放，尽量保持煤样的原始状态。上井之后贴上标签，进行记录之后，装箱运回实验室进行加工。

3.2.2　试样的制备

试样加工所用的设备主要有以下几种：

（1）大型锯石机；

（2）钻石机；

（3）普通锯石机；

（4）干燥箱。

对试样进行检测的设备主要有以下几种：

（1）游标卡尺；

（2）直角尺；

（3）水平检测台；

（4）百分表及百分表架；

（5）天平。

按照煤炭行业标准《煤与岩石物理力学性质测定方法》（MT38-48—87）规定，按要求把试样加工成直径为50mm、高度为100mm、试样两端面的平行度偏差小于0.05mm、试样两端的尺寸偏差不得大于0.2mm的标准煤样，部分煤样由于加工困难，加工成了50mm×50mm×100mm的长方体煤样。为了能够达到实验的目的，每组煤样至少加工了3个试样，部分加工形成的试样如图3-6所示。

图3-6　部分煤样

3.3　含水煤样破裂过程中的声发射特征

众所周知，在地下煤矿开采过程中，煤层中存在一定的水分，特别是遇到富含水区域或者向煤层中注水时煤体的含水量很大，水对煤体的力学特性和破裂过程中的声发射特性具有一定的影响。由于水会降低煤岩体抗压强度，同时也会压裂煤体形成裂隙通道，造成煤层底板突水、淹井事件，声发射是一种很好的预测方法，可以为煤与瓦斯突出、冒顶、突水围岩变形等事故提供一些预测前兆信息，因此，研究含水煤样破裂过程中的声发射特性是具有一定的理论意义和现实意义的，本节对浸泡处理煤样与自然煤样破裂过程中的声发射特性进行了研究。

3.3.1　实验方案

（1）实验目的：本实验的目的是研究水对煤岩破裂过程中的声发射特性的

影响规律。

（2）实验研究内容：

1）煤样基本物理力学参数测试；

2）含水煤样在单轴压缩下的声发射特性。

（3）主要实验方法：为了对含水煤样失稳破裂过程中的声发射特性进行研究，对屯留煤矿 3 号煤加工的煤样分成两组，第一组编号为 H1、H2 和 H3，进行常规单轴压缩实验和声发射实验；第二组编号为 H4、H5 和 H6，对煤样进行浸水处理，为了能够让水能够充分进入煤样，对煤样进行浸泡 3 天处理，第一天加水至煤样的三分之一处，第二天加水至煤样的三分之二处，第三天加水至煤样端面。单轴压缩试验采用位移控制方式，加载速率为 0.002mm/s。声发射实验采用河南理工大学购买的美国 PAC 物理声学公司生产的 8 通道 AE-win E1.86 多通道声发射仪，为了保证声发射传感器能够与煤样充分接触，在实验过程中在传感器与煤样之间涂上一层耦合剂，并且使用弹性电胶将其固定以防止在实验过程中接触不良。为了保证声发射信号能够很好地接收，实验过程中采用两个声发射传感器，门槛值设定为 50dB，采样频率设定为 1Msps，采样频率范围设定为 1kHz~3MHz，前端增益设定为 40dB。声发射实验系统如图 3-7 所示。

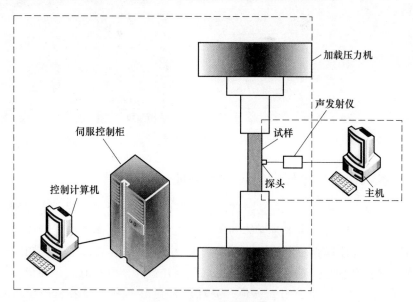

图 3-7　声发射实验系统

3.3.2　实验结果分析

本节主要对含水煤样的基本物理力学特性、声发射计数与累计计数、声发射能量与累计能量和声发射计数率与能率进行了分析，分析结果主要有以下几个方面。

3.3.2.1　基本物理力学参数测试结果

表 3-1 为浸泡处理过与自然煤样的基本物理力学参数测试结果，从表中可以看出经过浸泡处理过的煤样其物理力学参数与没有浸泡处理过煤样的力学参数有一定的差异，平均波速由 1882.82m/s 降低到了 1805.60m/s，波速降低了 4.1%；平均密度由 1.59g/cm³ 降低到了 1.46g/cm³，密度降低了 8.18%；平均单轴抗压强度由 17.021MPa 降低到了 12.645MPa，单轴抗压强度降低了 25.71%；平均弹性模量由 5.483GPa 降低到了 4.173GPa，弹性模量降低了 23.89%。

表 3-1　煤样基本参数测试结果表

取样地点	编号	规格/mm×mm×mm	波速/m·s⁻¹	密度/g·cm⁻³	强度/MPa	弹性模量/GPa
屯留煤矿 3 号煤	H1	50.76×51.90×99.50	1895.24	1.67	16.978	5.634
	H2	52.56×50.72×100.38	1841.83	1.52	16.144	5.132
	H3	51.30×50.80×102.26	1911.40	1.58	17.929	5.683
	H4	50.82×51.06×99.40	1840.74	1.47	11.848	4.198
	H5	50.12×51.82×100.30	1759.64	1.42	13.800	4.432
	H6	50.92×50.96×101.72	1816.43	1.49	12.286	3.890

3.3.2.2　含水煤样失稳破裂过程中力学特性分析

图 3-8 和图 3-9 为自然煤样和浸泡处理煤样破裂过程中的应力-应变曲线，从图中可以看出，浸泡过的煤样单轴抗压强度要明显低于没有浸泡的煤样，结合表 3-1 可以看出，平均单轴抗压强度由 17.021MPa 降低到了 12.645MPa，单轴抗压

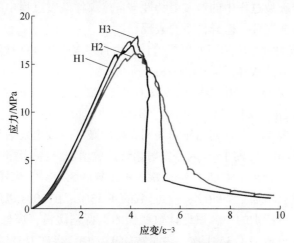

图 3-8　自然煤样的应力-应变曲线

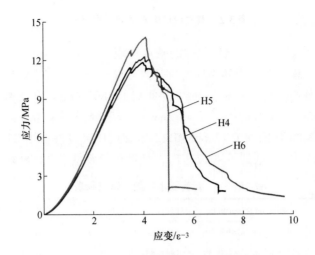

图 3-9　浸泡处理煤样的应力-应变曲线

强度降低了 25.71%，这说明水对煤样的力学特性影响比较大，研究含水煤样破裂过程中的声发射特性是很有意义的。

3.3.2.3　含水煤样失稳破裂过程中声发射计数与累计计数特征分析

为了更好地分析水对煤样破裂过程中的声发射特性的影响，本节中选取煤样 H2（自然）和煤样 H6（浸泡）进行对比分析，图 3-10 和图 3-11 是煤样 H2（自然）与煤样 H6（浸泡）失稳破裂过程中的声发射计数与累计计数特征图，表 3-2 为声发射峰值计数、累计计数的特征表。从表 3-2 和图 3-10、图 3-11 中可以看出，浸泡处理过煤样破裂过程中的声发射特性与自然煤样破裂过程中的声发射特性有一定的差异性和相同性。差异性主要表现在：

（1）煤样破裂过程中的声发射峰值计数由自然煤样的 922 次降低到了浸泡煤样的 558 次，峰值计数降低了 39.48%；

（2）声发射破裂过程中的累计计数由煤样 H2（自然）的 7.95×10^4 次增加到了煤样 H6（浸泡）的 8.76×10^4 次，累计计数增长了 10.19%。

相同性主要表现在：在初始压密期间和峰后破坏阶段声发射计数都很小，基本上都不会超过 50，在前 150s 内声发射累计计数增加得特别缓慢，煤样 H2（自然）的声发射累计计数只增加了 2665 次，占总数的 3.48%，煤样 H6（浸泡）的声发射累计计数只增加了 3956 次，占总数的 4.33%；在 300s 以后煤样破裂过程中的声发射计数也特别的小，累计计数增长的也特别缓慢，煤样 H2（自然）的声发射累计计数只增加了 3531 次，占总数的 4.62%，煤样 H6（浸泡）的声发射累计计数只增加了 3086 次，占总数的 3.34%。

表 3-2 声发射计数与累计计数特征

编号	峰值计数 /次	峰值计数 均值/次	累计计数 /次	累计计数 均值/次
H1	952		8.74×10⁴	
H2	889	922	7.65×10⁴	7.95×10⁴
H3	925		7.45×10⁴	
H4	644		9.41×10⁴	
H5	531	558	7.74×10⁴	8.76×10⁴
H6	498		9.14×10⁴	

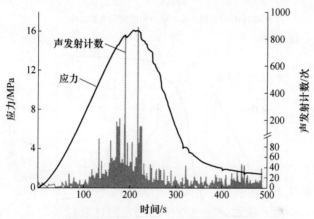

(a)煤样H2声发射计数、应力与时间的关系曲线

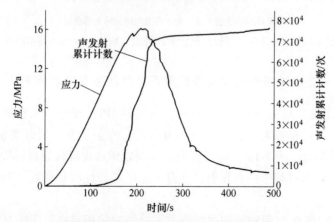

(b)煤样H2声发射累计计数、应力与时间的关系曲线

图 3-10 煤样 H2 声发射计数、累计计数、应力与时间的关系曲线

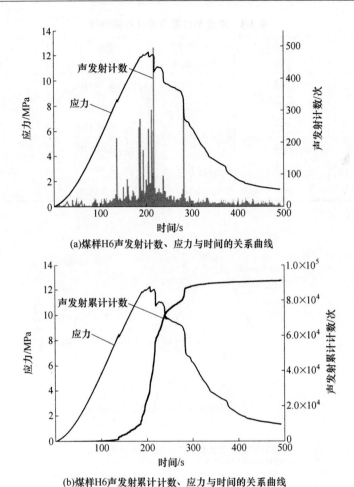

(a)煤样H6声发射计数、应力与时间的关系曲线

(b)煤样H6声发射累计计数、应力与时间的关系曲线

图 3-11　煤样 H6 声发射计数、累计计数、应力与时间的关系曲线

3.3.2.4　含水煤样失稳破裂过程中声发射能量与累计能量特征分析

图 3-12 和图 3-13 是煤样 H2（自然）与煤样 H6（浸泡）失稳破裂过程中的声发射能量与累计能量特征图，表 3-3 为声发射峰值能量、累计能量的特征表。从表 3-3 和图 3-12、图 3-13 中可以看出，浸泡处理过煤样破裂过程中的声发射特性与自然煤样破裂过程中的声发射特性有一定的差异性和相同性。差异性主要表现在：

（1）煤样 H6 经过浸泡处理之后声发射峰值能量相对自然煤样 H2 有所减小，峰值能量从自然煤样的 6787 减小到了浸泡煤样的 5545，降低了 18.30%；

（2）煤样经过浸泡处理之后声发射累计能量相对自然煤样有所增加，累计能量从自然煤样的 $1.62×10^5$ 增加到了浸泡煤样的 $3.60×10^5$，增加了 122.22%。

表 3-3 声发射能量与累计能量特征

编号	峰值能量	峰值能量均值	累计能量	累计能量均值
H1	6786		$1.63×10^5$	
H2	6759	6787	$1.39×10^5$	$1.62×10^5$
H3	6816		$1.84×10^5$	
H4	5664		$3.60×10^5$	
H5	5289	5545	$3.86×10^5$	$3.60×10^5$
H6	5683		$3.34×10^5$	

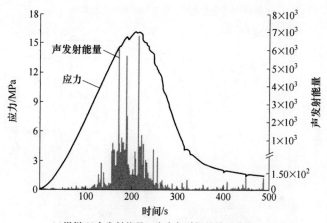

(a)煤样H2声发射能量、应力与时间的关系曲线

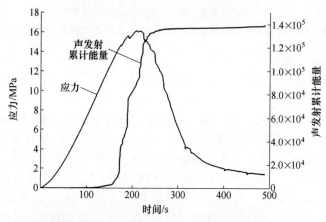

(b)煤样H2声发射累计能量、应力与时间的关系曲线

图 3-12 煤样 H2 声发射能量、累计能量、应力与时间的关系曲线

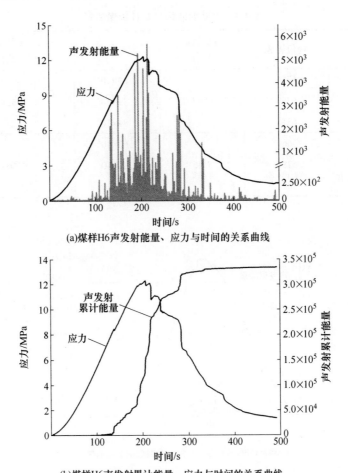

(a)煤样H6声发射能量、应力与时间的关系曲线

(b)煤样H6声发射累计能量、应力与时间的关系曲线

图3-13　煤样 H6 声发射能量、累计能量、应力与时间的关系曲线

相同性主要表现在：

（1）峰值能量与峰值应力的时间相差很小，煤样 H2 相差 3.24%，煤样 H6 相差 4.05%；

（2）在初始压密期间声发射能量都很小，基本上都不会超过 300，在前 150s 内声发射累计能量增加得特别缓慢，煤样 H2（自然）的声发射累计能量只增加到 2535，占总数的 1.82%，煤样 H6（浸泡）的声发射累计计数只增到 25951 个，占总数的 8.18%；在 300s 以后煤样破裂过程中的声发射累计能量增长也特别的慢，煤样 H2（自然）的声发射累计能量只增了 2876 个，占总数的 2.07%，煤样 H6（浸泡）的声发射累计计数只增到 3086 个，占总数的 3.27%。

3.3.2.5　含水煤样失稳破裂过程中声发射计数率与能率特征分析

图 3-14、图 3-15 和表 3-4 为煤样 H2（自然）和煤样 H6（浸泡）破裂过程

中的声发射计数率与能率特征图和表，从图 3-14、图 3-15 和表 3-4 中可以看出煤样 H2（自然）和煤样 H6（浸泡）失稳破裂过程中的声发射计数率和声发射能率的规律相对比较弱，自然煤样和浸泡煤样声发射峰值计数率相比高出了 98.04%，然而浸泡煤样和自然煤样声发射峰值能率相比增加了 86.47%。虽然规律性不强，但是还是存在一定的规律性，煤样 H6（浸泡）和煤样 H2（自然）声发射计数率在前 100s 内都比较小，都低于 20000 次/s，同时煤样 H6（浸泡）和煤样 H2（自然）声发射计数率在前 100s 内都小于 25000 次/s；煤样 H6（浸泡）和煤样 H2（自然）破裂过程中的声发射峰值计数率和峰值能率出现的时间基本上和峰值应力相吻合，并且从图 3-14 和图 3-15 中可以看出，在初始压密阶段声发射计数率和能率都很小，但是随着应力的逐渐增加声发射计数率和能率都会出现跳跃式的增长，并在峰值应力附近达到最大值，之后再跳跃式地快速减小。

表 3-4 声发射计数率与能率特征

编号	峰值计数率 /次·s⁻¹	峰值计数率均值 /次·s⁻¹	峰值能率	峰值能率 均值
H1	0.96×10^6		3.75×10^6	
H2	1.02×10^6	1.01×10^6	3.86×10^6	3.77×10^6
H3	1.05×10^6		3.71×10^6	
H4	0.46×10^6		7.52×10^6	
H5	0.52×10^6	0.51×10^6	6.86×10^6	7.03×10^6
H6	0.55×10^6		6.72×10^6	

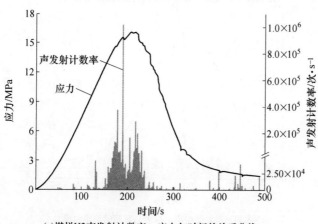

(a)煤样H2声发射计数率、应力与时间的关系曲线

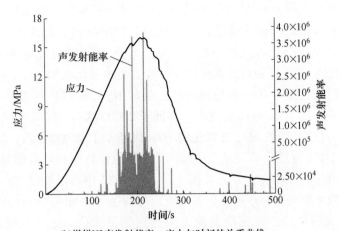

(b)煤样H2声发射能率、应力与时间的关系曲线

图 3-14　煤样 H2 声发射计数率、能率、应力与时间的关系曲线

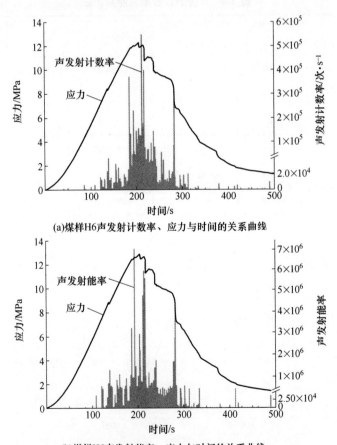

(a)煤样H6声发射计数率、应力与时间的关系曲线

(b)煤样H6声发射能率、应力与时间的关系曲线

图 3-15　煤样 H6 声发射计数率、能率、应力与时间的关系曲线

3.4 不同加载速率下煤样的声发射特征

在地下开采过程中，不同的推进速度会对煤体的强度产生一定的影响，在实际开采过程中，推进速度加快会造成煤壁片帮现象加重，掉渣现象也更加严重，周期来压现象可能会更明显，同时推进速度增加会导致其冲击强度的增加，有可能会引起冲击地压等动力灾害。在不同加载速率下煤样破裂过程中的力学特性和声发射特性具有一定的差异性，可以利用不同加载速率下煤样破裂过程中的声发射特性和力学特性的差异来找出一些预测的前兆信息。因此，研究加载速率对煤的力学特性和声发射特性的影响有着重要的理论意义和现实意义。梁忠雨等[1]对大理石和红砂岩在不同加载速率下的声发射特性进行了研究，研究结果认为，不同加载速率下大理石和红砂岩的声发射信号特征具有一定的差异性。万志军等[2]以旗山矿3号煤为研究对象，在不同加载速率下对其声发射特性进行了研究。陈勉等[3]以砂岩、粗砂岩和泥岩为研究对象，在不同加载速率下对岩石的Kaiser效应进行了研究。童敏明等[4]对含水煤岩在不同加载速率下的声发射频谱特性进行了研究，研究结果认为加载速率对含水煤岩的声发射频谱特性具有一定的影响，当加载速率增大时，声发射信号在频次和幅度上都有所增加。综上所述，国内外学者对不同加载速率下煤岩的声发射特性进行了一定的研究，取得了一定成果，但是对于煤的研究还相对较少，需要对其进行进一步研究。因此，本节以工作面煤壁受开采速率的影响导致煤体的力学特性和声学特性发生变化为背景，研究了不同加载速率下煤样破裂过程中的声发射特性。

3.4.1 实验方案

（1）实验目的：本实验的目的是研究加载速率对煤岩破裂过程中的声发射特性有什么影响，具有什么规律。

（2）实验研究内容：

1）基本物理参数测试；

2）不同加载速率下煤样在单轴压缩下的声发射特性。

（3）主要实验方法：为了对不同加载速率下煤样破裂过程中的声发射特性进行研究，分别采用0.001mm/s、0.002 mm/s和0.005 mm/s的加载速率对三交河煤矿3号煤进行声发射实验。为了保证声发射传感器能够与煤样充分接触，在实验过程中在传感器与煤样之间涂上一层耦合剂，并且使用弹性电胶将其固定以防止在实验过程中接触不良。为了保证声发射号能够很好的接收，实验过程中采用两个声发射传感器，门槛值设定为55dB，采样频率设定为1Msps，采样频率范围设定为1kHz～3MHz，前端增益设定为40dB。声发射实验系统如图3-7所示。

3.4.2　实验结果分析

在地下开采过程中，不同的推进速度会对煤体的强度产生一定的影响，在实际开采过程中，推进速度加快会造成煤壁片帮现象加重，掉渣现象也更加严重，周期来压现象可能会更明显，煤岩破裂过程中的声发射特性也会有一定的差异。本部分对三交河 3 号煤进行了室内试验研究，对其不同加载速率下煤样破裂过程中的声发射差异性进行了研究，主要实验结果如下。

3.4.2.1　基本物理力学参数测试结果

实验过程中主要对煤样的单轴抗压强度、泊松比、弹性模量、波速、密度等力学参数进行测定，主要的结果如表 3-5 所示。

表 3-5　煤样基本参数测试结果

取样地点	编号	加载速率 /mm · s^{-1}	规格 /mm×mm	波速 /m · s^{-1}	密度 /g · cm^{-3}	强度 /MPa	弹性模量 /GPa
三交河煤矿 3 号煤	J1	0.002	49.76×99.40	1430.22	1.37	25.244	3.923
	J2	0.002	49.72×99.54	1463.82	1.29	25.990	4.373
	J3	0.002	49.72×98.20	1354.48	1.40	23.740	4.334
	J4	0.001	49.72×99.60	1336.92	1.37	20.750	4.094
	J5	0.001	49.72×97.80	1358.33	1.37	23.400	4.574
	J6	0.001	49.80×99.72	1424.57	1.38	22.650	4.175
	J7	0.005	49.72×100.16	1381.52	1.33	21.578	4.030
	J8	0.005	49.52×101.52	1335.79	1.37	25.990	4.145
	J9	0.005	49.82×99.82	1436.26	1.37	29.530	4.414

3.4.2.2　不同加载速率下煤样破裂过程中的力学特性

图 3-16 为不同加载速率下煤样破裂过程中的力学特征图，从图 3-16 和表 3-5 中可以看出不同加载速率下煤样破裂过程中的力学特性是有一定差异性的。随着加载速率的逐渐增加煤样破裂过程中的脆性逐渐增强，煤样的平均单轴抗压强度也逐渐增加，加载速率 0.001mm/s 时为 22.29MPa，加载速率 0.002mm/s 时为 24.99MPa，加载速率 0.005mm/s 时为 25.70MPa。从图中可以看出不同加载速率下煤样破裂过程中的应力-应变曲线基本上都可以划分为四个阶段：初始压密阶段、弹性阶段、屈服破坏阶段和峰后阶段，不同加载速率下煤样的初始压密阶段和弹性阶段基本上一样，表现出最大的不同在于其峰值强度和峰后破坏阶段的时间，随着加载速率的逐渐增加，峰后破坏的时间段表现出明显的减小现象。

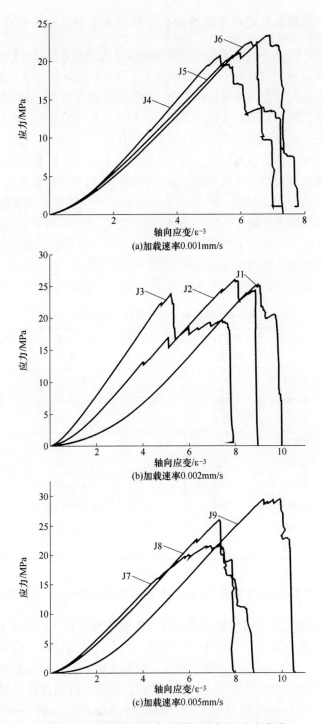

图 3-16 不同加载速率下煤样的应力-应变曲线

3.4.2.3　不同加载速率下煤样破裂过程中声发射计数与累计计数特性

图 3-17 和表 3-6 为不同加载速率下煤样破裂过程中的声发射计数与累计计数特征图和表，从图表中可以看出，不同加载速率下煤样破裂过程中的声发射特征具有一定的差异性，同时也存在一定的相似性。相似性表现在初始压密阶段煤样破裂过程中的声发射计数水平和累计计数都处在一个相对比较低的水平，声发射累计计数增长得特别缓慢；在弹性阶段声发射计数和累计计数水平都有所提高，声发射累计计数开始出现缓慢增长的现象；在屈服破坏阶段声发射计数开始出现跳跃式的激增现象，声发射累计计数出现激增现象；在峰后破坏阶段声发射计数水平快速下降，声发射累计计数增速明显减缓，同时声发射峰值计数一般都出现在峰值应力的附近。差异性表现在随着加载速率的逐渐增加，声发射峰值计数从 871 次增长到 911 次再增长到 985 次，出现了逐渐增大的现象，声发射累计计数出现激增现象的时间逐渐减少，声发射累计计数从 $2.76×10^5$ 次减少到 $1.73×10^5$ 次，再减少到 $1.61×10^5$ 次，声发射累计计数与加载速率大小呈现出负相关的关系。

表 3-6　声发射计数与累计计数特征

编号	加载速率 /mm·s^{-1}	峰值计数 /次	峰值计数均值 /次	累计计数 /次	累计计数均值 /次
J4	0.001	844		$2.66×10^5$	
J5	0.001	876	871	$2.94×10^5$	$2.76×10^5$
J6	0.001	894		$2.68×10^5$	
J1	0.002	908		$1.81×10^5$	
J2	0.002	926	911	$1.46×10^5$	$1.73×10^5$
J3	0.002	900		$1.93×10^5$	
J7	0.005	980		$1.58×10^5$	
J8	0.005	979	985	$1.65×10^5$	$1.61×10^5$
J9	0.005	997		$1.59×10^5$	

3.4.2.4　不同加载速率下煤样破裂过程中声发射能量与累计能量特性

图 3-18 和表 3-7 为不同加载速率下煤样破裂过程中的声发射能量与累计能量特征图和表，从图 3-18 和表 3-7 中可以看出，声发射峰值能量与峰值应力的时间非常接近，基本上都在峰值应力时出现能量的最大值，但是不同加载速率下煤样破裂过程中的峰值应力呈现出一定的规律，加载速率与峰值能量呈现正相关的关系，加载速率 0.001mm/s 时为 11727，加载速率 0.002mm/s 时为 22977，加载速率 0.005mm/s 时为 33254，说明声发射峰值能量与加载速率呈正相关关系，但是

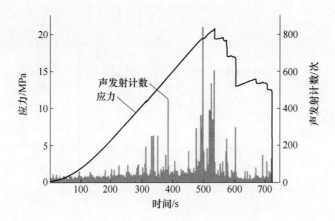

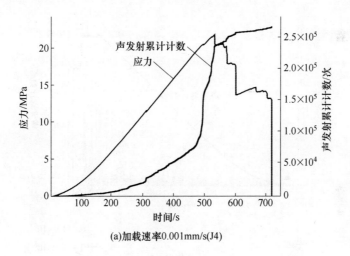

(a)加载速率0.001mm/s(J4)

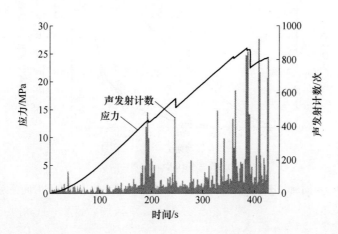

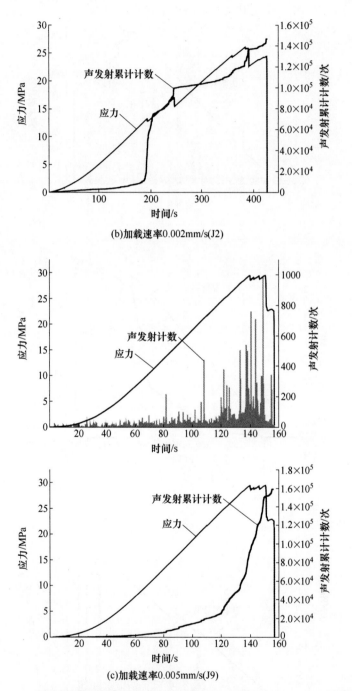

(b)加载速率0.002mm/s(J2)

(c)加载速率0.005mm/s(J9)

图 3-17　不同加载速率下煤样的声发射计数、累计计数、应力与时间关系曲线

从表3-7中可以看出声发射累计能量与加载速率大小没有明显的关系。从图中可以看出，煤样每出现一个大破裂时声发射能量都会出现激增现象，这可以作为预测煤样失稳破坏的前兆信息。

表3-7 声发射能量与累计能量特征

编号	峰值能量	峰值能量均值	累计能量	累计能量均值
J4	11809		1.74×10^6	
J5	12608	11727	1.91×10^6	1.86×10^6
J6	10764		1.93×10^6	
J1	21380		0.98×10^6	
J2	24872	22977	0.44×10^6	0.68×10^6
J3	22679		0.62×10^6	
J7	32464		1.92×10^6	
J8	30813	33254	1.46×10^6	1.57×10^6
J9	36485		1.33×10^6	

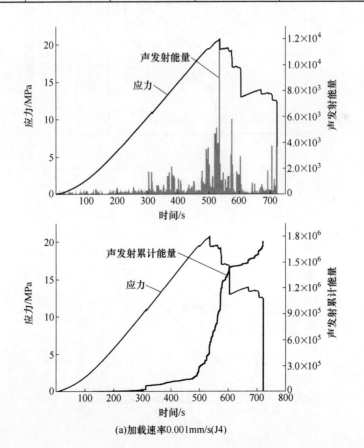

(a)加载速率0.001mm/s(J4)

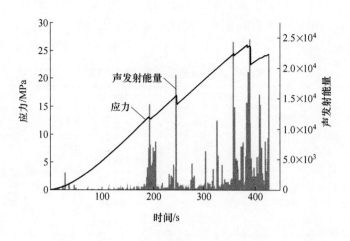

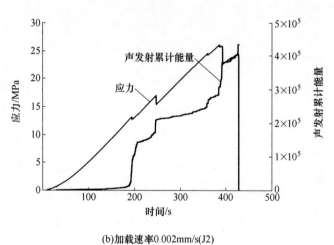

(b)加载速率0.002mm/s(J2)

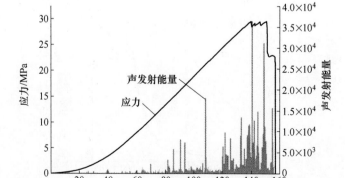

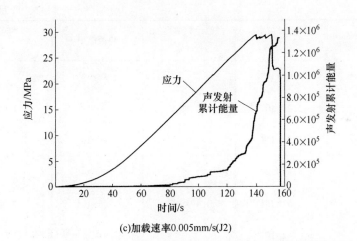

(c)加载速率0.005mm/s(J2)

图 3-18 不同加载速率下煤样的声发射能量、累计能量、应力与时间关系曲线

3.4.2.5 不同加载速率下煤样破裂过程中声发射计数率与声发射能率特性

图 3-19 和表 3-8 为不同加载速率下煤样破裂过程中的声发射计数率与能率特征图和表，从图 3-19 和表 3-8 中可以看出不同加载速率下煤样失稳破裂过程中的声发射计数率和声发射能率具有很强的规律性，可以很好地反映煤样的失稳破裂过程。声发射峰值计数率和能率随着加载速率的逐渐增加也相应地出现增大的现象，呈现出正相关的关系，如表 3-8 所示，加载速率为 0.001mm/s 时煤样 J4 的声发射计数率为 9.1×10^5 次/s，峰值能率为 9.2×10^6；当加载速率增加到 0.002mm/s 时，声发射峰值计数率增长到了 1.11×10^6 次/s，峰值能率增加到了 1.99×10^7；当加载速率继续增加到 0.005mm/s 时，声发射峰值计数率增长到了 1.47×10^6 次/s，峰值能率增加到了 2.94×10^7。不同加载速率下煤样破裂过程中的声发射峰值计数率和峰值能率出现的时间基本上和峰值应力相吻合，并且从图 3-19 中可以看出，在初始压密阶段声发射计数率和能率都很小，但是随着应力的逐渐增加声发射计数率和能率都会出现跳跃式的增长，并在峰值应力附近达到最大值，之后再跳跃式地快速减小。

表 3-8　声发射计数率与能率特征

编号	峰值计数率/次·s^{-1}	峰值计数率均值/次·s^{-1}	峰值能率	峰值能率均值
J4	0.96×10⁶		0.95×10⁷	
J5	0.87×10⁶	0.91×10⁶	0.91×10⁷	0.92×10⁶
J6	0.91×10⁶		0.89×10⁷	

编号	峰值计数率 /次·s⁻¹	峰值计数率均值 /次·s⁻¹	峰值能率	峰值能率均值
J1	1.12×10^6		1.82×10^7	
J2	1.29×10^6	1.11×10^6	2.20×10^7	1.99×10^6
J3	0.93×10^6		1.94×10^7	
J7	1.47×10^6		2.86×10^7	
J8	1.51×10^6	1.47×10^6	3.05×10^7	2.94×10^6
J9	1.42×10^6		2.91×10^7	

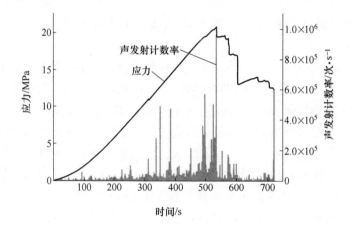

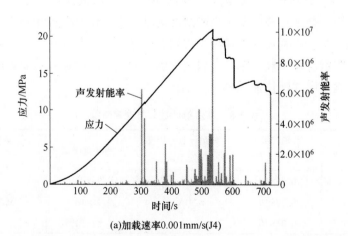

(a)加载速率0.001mm/s(J4)

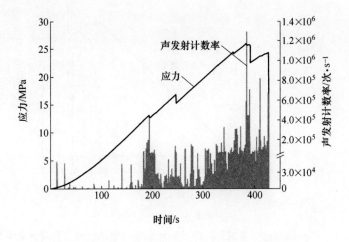

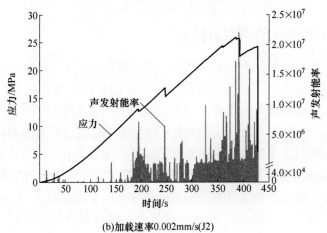

(b)加载速率0.002mm/s(J2)

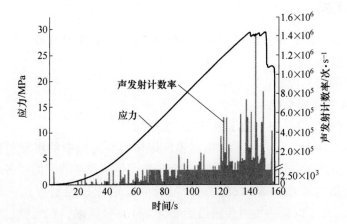

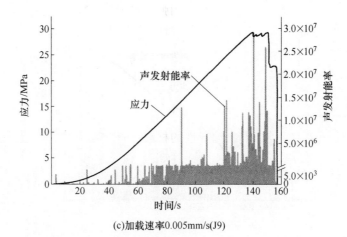

(c)加载速率0.005mm/s(J9)

图3-19　不同加载速率下煤样的声发射计数率、能率、应力与时间关系曲线

3.5　不同强度煤样的声发射特征

随着煤炭资源开采深度的不断增大，深部矿井出现了"三高一低（高采动次生应力、高原岩地应力、高瓦斯吸附压力及含量和低渗透性）"的恶劣开采环境，给矿井的安全高效生产带来了巨大的困难。不同强度试样的基本物理参数、声发射特性和分形特征具有一定的差异，研究不同强度试样的基本物理参数、声发射特性和分形特征可以分析不同强度煤试样出现的动力灾害内在原因，并且能够找出一些相应的前兆规律。因此，本节首先运用武汉岩土学研究所研制的RMT-150C型力学实验机和美国Physical Acoustics Corporation（PAC）物理声学公司生产的8通道 AE-win E1.86 声发射仪对不同强度煤试样进行了力学实验和声发射试验。

3.5.1　实验方案

（1）实验目的：本实验的目的是研究不同强度煤样破裂过程中的声发射特性具有什么规律。

（2）实验研究内容：

1）基本物理参数测试；

2）不同强度煤样在单轴压缩下的声发射特性。

（3）主要实验方法：为了对不同强度煤样破裂过程中的声发射特性进行研究，分别从霍州煤电集团三交河煤矿、潞安集团屯留煤矿和安阳矿务局龙山煤矿选取了3种不同强度的煤试样。实验过程中采用位移控制方式，加载速率为0.002mm/s。为了保证声发射传感器能够与煤样充分接触，在实验过程中在传感器与煤样之间涂上一层耦合剂,并且使用弹性电胶将其固定以防止在实验过程中接触不良。为了保证声发射信号能够很好地接收,实验过程中采用两个声发射传感器,门槛值设定为55dB,采样频率设定为1Msps,采样频率范围设定为1kHz~3MHz,前端增益设定为40dB。声发射实验系统图如图3-7所示。

3.5.2 实验结果分析

煤是一种高度的非均质和各向异性的材料,不同强度煤岩破裂过程中的声发射特征也具有很大的差异,研究不同强度煤岩破裂过程中的声发射特征,可以找出一些不同强度煤岩失稳破坏过程中前兆规律的差异性和共性,为不同强度煤岩开采过程中发生的煤岩瓦斯复合动力灾害提供一些前兆信息。因此,研究不同强度煤样失稳破坏过程中的声发射特征具有一定的理论意义和现实意义。

3.5.2.1 基本物理力学参数测试结果

实验过程中主要对煤样的单轴抗压强度、泊松比、弹性模量、波速、密度等物理力学参数进行测定,主要的结果如表3-9所示。从图3-20和表3-9中可以看出,不同强度煤样的超声波波速、弹性模量和密度具有很大的差异性。屯留煤矿H组煤样的超声波波速最大,密度和弹性模量也最大,超声波波速的平均值为1882.82m/s,密度的平均值为1.59g/cm³,弹性模量的平均值为5.483GPa;三交河煤矿煤样的超声波波速、密度和弹性模量居中,超声波波速的平均值为1693.79m/s,密度的平均值为1.37g/cm³,弹性模量的平均值为4.177GPa;龙山煤矿煤样的超声波波速、密度、弹性模量和单轴抗压强度最小,超声波波速的平均值为 1433.09m/s,密度的平均值为 1.35g/cm³,弹性模量的平均值为 1.677GPa。

表 3-9 煤样基本参数测试结果

采样地点	编号	加载速率 /mm·s⁻¹	规格 /mm×mm	波速 /m·s⁻¹	密度 /g·cm⁻³	强度 /MPa	弹性模量 /GPa
三交河煤矿	J1	0.002	49.76×99.40	1693.06	1.38	25.244	3.823
	J2	0.002	49.72×99.54	1633.82	1.31	25.990	4.373
	J3	0.002	49.72×98.20	1754.48	1.43	23.740	4.334
屯留煤矿	H1	0.002	50.76×51.90×99.50	1895.24	1.67	16.978	5.634
	H2	0.002	52.56×50.72×100.38	1841.83	1.52	16.144	5.132
	H3	0.002	51.30×50.80×102.26	1911.40	1.58	17.929	5.683
龙山煤矿	F1	0.002	48.84×51.78×97.96	1409.50	1.35	3.412	1.278
	F2	0.002	52.72×50.80×98.24	1466.27	1.33	5.051	1.692
	F3	0.002	50.50×47.56×101.78	1423.50	1.37	4.857	2.061

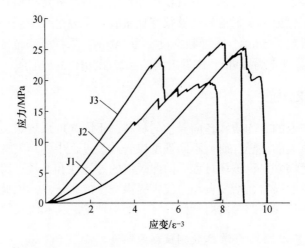

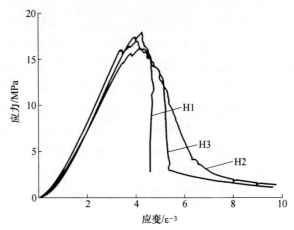

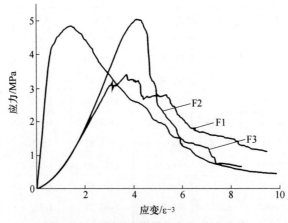

图 3-20　不同强度煤样的应力-应变曲线

3.5.2.2 不同强度煤样破裂过程中声发射计数与累计计数特性

图 3-21 为不同强度煤样破裂过程中声发射计数、累计计数及应力与时间的关系曲线图，由于考虑篇幅的原因，只选取了部分煤样的参数，表 3-10 为不同强度煤样破裂过程中的声发射计数与累计计数特征表。从图 3-21 和表 3-10 中可以看出，不同强度煤样破裂过程中的声发射计数与煤样的超声波波速、弹性模量和密度呈现出正相关的关系，F 组的波速、弹性模量和密度最小，煤样破裂过程中的声发射峰值计数也最小为 644 次；J 组煤样的波速、弹性模量和密度居中，煤样破裂过程中的声发射峰值计数也居中为 911 次，与 F 组相比声发射计数增长了 41.46%；H 组煤样的波速、弹性模量和密度最大，煤样破裂过程中的声发射峰值计数也最大为 922 次，与 J 组相比声发射计数增长了 1.21%。煤样破裂过程中的声发射累计计数与超声波波速、弹性模量和密度呈现出负相关的关系。F 组的波速、弹性模量和密度最小，煤样破裂过程中的声发射累计计数最大为 3.87×10^5 次；J 组煤样的波速、弹性模量和密度居中，煤样破裂过程中的声发射累计计数也居中为 1.73×10^5 次，与 F 组相比声发射累计计数减小了 55.30%；H 组煤样的波速、弹性模量和密度最大，煤样破裂过程中的声发射累计计数最小为 0.80×10^5 次，与 J 组相比声发射累计计数减小了 53.22%。

表 3-10 声发射计数与累计计数特征

采样地点	编号	波速 /m·s⁻¹	密度 /g·cm⁻³	强度 /MPa	弹性模量 /GPa	声发射峰值计数/次	峰值计数均值/次	累计计数 /次	累计计数均值/次
三交河煤矿	J1	1693.06	1.38	25.244	3.823	908		1.81×10^5	
	J2	1633.82	1.31	25.990	4.373	926	911	1.46×10^5	1.73×10^5
	J3	1754.48	1.43	23.740	4.334	900		1.92×10^5	
屯留煤矿	H1	1895.24	1.67	16.978	5.634	952		0.87×10^5	
	H2	1841.83	1.52	16.144	5.132	889	922	0.77×10^5	0.80×10^5
	H3	1911.40	1.58	17.929	5.683	925		0.75×10^5	
龙山煤矿	F1	1409.50	1.35	3.412	1.278	700		3.96×10^5	
	F2	1466.27	1.33	5.051	1.692	658	644	3.89×10^5	3.87×10^5
	F3	1423.50	1.37	4.857	2.061	576		3.76×10^5	

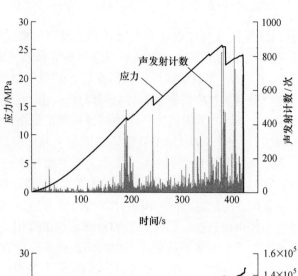

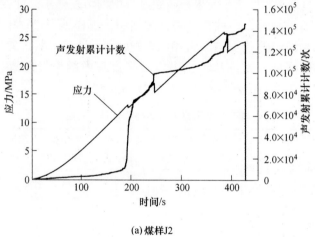

(a) 煤样 J2

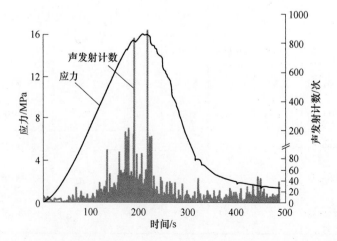

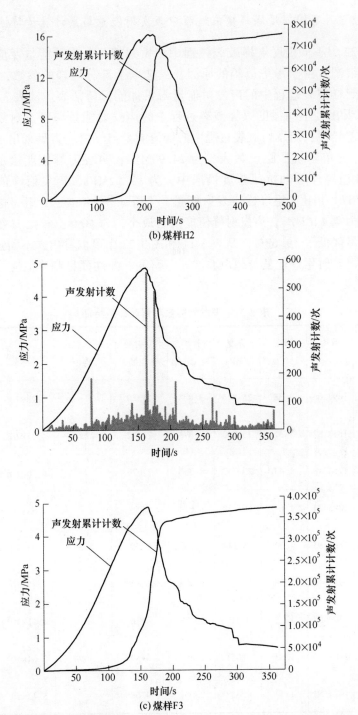

图 3-21 不同强度煤样的声发射计数、累计计数、应力与时间关系曲线

3.5.2.3　不同强度煤样破裂过程中声发射能量与累计能量特性

图 3-22 为不同强度煤样破裂过程中声发射能量、累计能量及应力与时间的关系曲线图，由于考虑篇幅的原因，只选取了部分煤样的参数，表 3-11 为不同强度煤样破裂过程中的声发射能量与累计能量特征表。从表 3-11 和图 3-22 中可以看出，不同强度煤样破裂过程中的声发射能量与声发射累计能量具有很大的差异性，声发射破裂过程中的峰值能量与峰值应力呈现出正相关的关系，J 组煤的单轴抗压强度最大，为 24.99MPa，声发射峰值能量也最大，为 22977；H 组煤样单轴抗压强度最居中，为 17.02MPa，声发射峰值能量也居中，为 6787，相比 J 组煤样声发射能量，下降了 70.46%；F 组煤样单轴抗压强度最小为 4.446MPa，声发射峰值能量也最小，为 4094，相比 H 组煤样声发射峰值能量降低了 39.68%。从表 3-11 和图 3-22 中可以看出，不同强度煤样破裂过程中声发射累计能量与超声波波速、密度、弹性模量和峰值应力没有明显的规律性。

表 3-11　声发射能量与累计能量特征

采样地点	编号	波速/m·s⁻¹	密度/g·cm⁻³	强度/MPa	弹性模量/GPa	声发射峰值能量	峰值能量均值	累计能量	累计能量均值
三交河煤矿	J1	1693.06	1.38	25.244	3.823	21380		$9.98×10^5$	
	J2	1633.82	1.31	25.990	4.373	24872	22977	$4.35×10^5$	$6.84×10^5$
	J3	1754.48	1.43	23.740	4.334	22679		$6.20×10^5$	
屯留煤矿	H1	1895.24	1.67	16.978	5.634	6786		$1.63×10^5$	
	H2	1841.83	1.52	16.144	5.132	6759	6787	$1.39×10^5$	$1.62×10^5$
	H3	1911.40	1.58	17.929	5.683	6816		$1.84×10^5$	
龙山煤矿	F1	1409.50	1.35	3.412	1.278	4126		$4.41×10^5$	
	F2	1466.27	1.33	5.051	1.692	3789	4094	$3.64×10^5$	$4.49×10^5$
	F3	1423.50	1.37	4.857	2.061	4368		$5.42×10^5$	

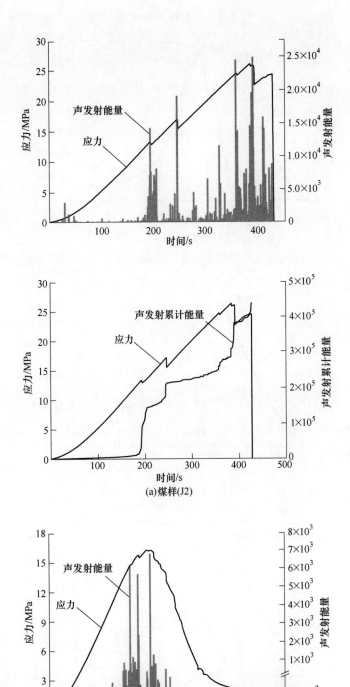

(a)煤样(J2)

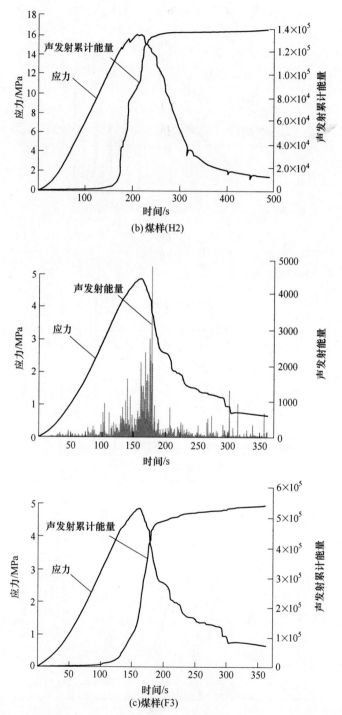

图 3-22 不同强度煤样的声发射能量、累计能量、应力与时间关系曲线

3.5.2.4 不同强度煤样破裂过程中声发射计数率与能率特征

图 3-23 为不同强度煤样破裂过程中声发射计数率、能率及应力与时间的关系曲线图，由于考虑篇幅的原因，只选取了部分煤样的参数，表 3-12 为不同强度煤样破裂过程中的声发射计数率与能率的特征表。从图 3-23 和表 3-12 中可以看出，煤样破裂过程中的声发射峰值能率与峰值应力具有很好的一致性，都是随着峰值应力的增大而增加。J 组煤的单轴抗压强度最大，为 24.99MPa，声发射峰值能率也最大，为 1.99×10^7；H 组煤样单轴抗压强度居中，为 17.02MPa，声发射峰值能率也居中，为 0.38×10^7，相比 J 组煤样声发射能率，下降了 80.90%；F 组煤样单轴抗压强度最小为 4.446MPa，声发射峰值能率也最小，为 0.16×10^7，相比 H 组煤样声发射峰值能率降低了 57.89%。从表 3-12 和图 3-23 中可以看出，不同强度煤样破裂过程中声发射峰值计数率与峰值强度呈现出正相关关系。F 组的峰值强度最小，煤样破裂过程中的声发射峰值计数率也最小为 2.3×10^5 次/s；

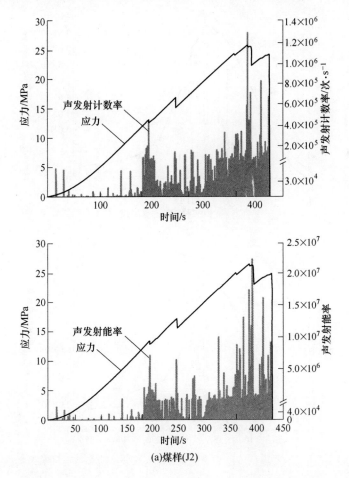

(a)煤样(J2)

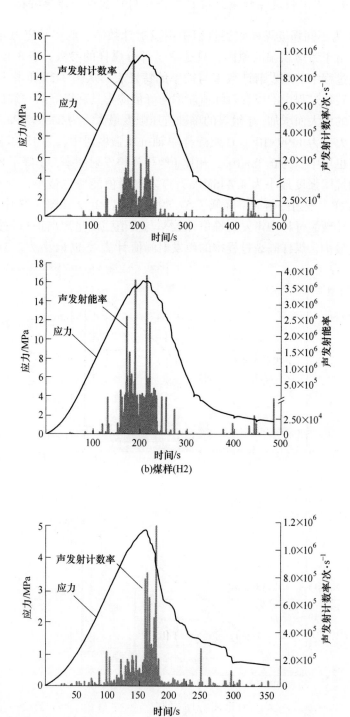

(b)煤样(H2)

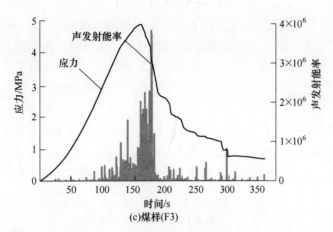

图 3-23 不同强度煤样的声发射计数率、能率、应力与时间关系曲线

J组煤样的峰值强度居中，煤样破裂过程中的声发射峰值计数率也居中为 1.01×10^6 次/s，与F组相比声发射计数率增长了 339.13%；H组煤样的峰值强度最大，煤样破裂过程中的声发射峰值计数率也最大为 1.11×10^6 次/s，与J组相比声发射计数率增长了 9.90%。

表 3-12 声发射计数率与能率特征

编号	峰值强度 /MPa	峰值计数率 /次·s⁻¹	峰值计数率均值 /次·s⁻¹	峰值能率	峰值能率均值
H1	16.978	0.96×10^6		0.38×10^7	
H2	16.14	1.02×10^6	1.01×10^6	0.39×10^7	0.38×10^7
H3	17.93	1.05×10^6		0.38×10^7	
J1	25.24	1.12×10^6		1.82×10^7	
J2	25.99	1.29×10^6	1.11×10^6	2.20×10^7	1.99×10^7
J3	23.74	0.93×10^6		1.94×10^7	
F1	3.412	0.18×10^6		0.18×10^7	
F2	5.051	0.31×10^6	0.23×10^6	0.13×10^7	0.16×10^7
F3	4.857	0.21×10^6		0.17×10^7	

3.6 不同破坏类型岩石的声发射特征

3.6.1 实验设备及加载方式

试验采用中国武汉岩土力学研究所研制的 RMT-150C 型岩石力学伺服试验系

统和北京科海恒生科技有限公司开发研制的 CDAE-1 型声发射检测仪，声发射实验系统是基于 PCI 总线控制的全数字化声发射检测及分析系统，有 18 通道。设备实物图如图 3-1 所示。实验采用位移控制方式，以轴向位移为实验指标，选用 0.005mm/s 作为加载速率，连续加载至试样完全破坏。门槛值设置为 48dB。

3.6.2　岩石试样制备

为了考察不同破坏类型岩石的声发射特性，本实验选用潞安集团屯留煤矿的砂岩和泥岩岩样，按照规程的要求把煤岩样加工成直径为 50mm、高度为 100mm、煤样两端不平行度小于 0.05mm 的标准煤岩样。其详细参数如表 3-13 所示。

表 3-13　岩样参数

取样地点	编号	规格/mm×mm	强度/MPa	加载方式
砂岩	A1	49.24×100.16	106.98	位移加载
	A2	50.02×100.18	110.52	位移加载
	A3	49.92×99.94	102.67	位移加载
泥岩	B1	49.74×99.96	58.96	位移加载
	B2	49.56×100.12	52.23	位移加载
	B3	49.62×100.58	49.76	位移加载

3.6.3　不同破坏类型岩石力学特征分析

从图 3-24 中可以看出，砂岩和泥岩的应力-应变特征大不相同，砂岩的应力-应变过程可分为初始压密阶段、线弹性阶段和塑性破坏阶段；泥岩的应力-应变过程可分为初始压密阶段、线弹性阶段、塑性破坏阶段和残余应力阶段。由图 3-24 可以看出，砂岩在达到峰值应力之后，承载能力迅速突降为 0，不存在残余应力阶段，此种破坏类型认为是脆性破坏；而泥岩在达到峰值应力之后，虽然承载能力也出现了下降，

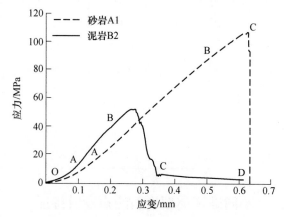

图 3-24　单轴压缩下岩样应力-应变曲线

但是在很长一段时间里还存在承载能力，并且存在残余应力，此种破坏类型认为是塑性破坏。

3.6.4 不同破坏类型岩石声发射特征分析

由图 3-24 分析可知，砂岩 A1 和泥岩 B2 的破坏类型分别为脆性破坏和塑性破坏。从图 3-25 和图 3-26 中观察可以看出，发生脆性破坏和塑性破坏不仅仅力学特性有很大差异，而且声发射特性也有很大的差异。脆性破坏的砂岩 A1，在初始加密阶段（OA），刚开始时声发射计数水平相对较高，随着应力的逐渐增加，岩石的原生裂隙被压实，声发射计数水平比较低，声发射累计计数增长的也特别缓慢，在初始压密阶段，声发射累计计数增加了 842 次，平均增长率为 28.07%；在线弹性阶段（AB），随着应力的逐渐增加，新生微裂隙和孔隙开始产生，声发射水平有所提高，并出现波动式的增长，累计计数增长的相对较快，累计计数由 842 次增长到了 13563 次，平均增长率达到了 181.73%；在塑性破坏阶段（BC），声发射计数出现了最大值 164 次，累计计数也达到了最大值 21998 次，平均增长率突增到了 301.25%。

从图 3-26 中观察可以看出，发生塑性破坏的泥岩 B2，在初始压密阶段（OA），由于存在大量的原生裂隙与孔隙，并且比砂岩的相对较多，在加载初期声发射计数水平比脆性破坏的相对较高，随着应力的逐渐增加，原生裂隙与孔隙被压实，声发射水平也有所降低，在此阶段，声发射累计计数水平增长的特别缓慢，累计计数只增加了 799 次，平均增长率只有 15.98%，比脆性破坏的小了很多；在线弹性阶段（AB），声发射水平有所提高，声发射累计计数也出现了突增，声发射累计计数从 799 次增长到了 4173 次，平均增长率达到了 67.48%；在塑性破坏阶段（BC），声发射计数持续在一个相对较高的水平，并且出现了声发射计数的峰值 398 次，声发射累计计数增长的也特别快，累计计数在此阶段从 4173 次增长到了 13623 次，平均增长率达到了 126%；在残余应力阶段（CD），声发射计数持续在一个相对较低的水平，声发射累计计数增长的也特别缓慢，累计计数在此阶段只增加了 827 次，平均增长率降突到了 6.22%，达到了四个阶段的最低水平。

由以上分析可知，不同破坏类型岩石的声发射特征是有差异的：

（1）虽然在初始压密阶段的初期，声发射计数水平都会出现一个较高的水平，但是发生塑性破坏的岩石相对较高；

（2）在每一个阶段，都会有一个声发射累计计数的平均增长率，但是脆性破坏的平均增长率在每一个阶段都要比塑性破坏的高（除了残余应力阶段），并且变化幅度也大。

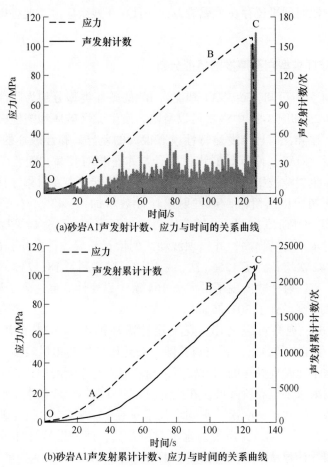

(a)砂岩A1声发射计数、应力与时间的关系曲线

(b)砂岩A1声发射累计计数、应力与时间的关系曲线

图 3-25　砂岩 A1 声发射计数、累计计数、应力与时间曲线

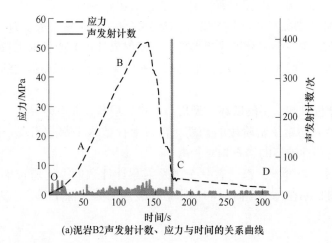

(a)泥岩B2声发射计数、应力与时间的关系曲线

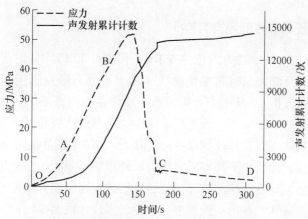

(b)泥岩B2声发射累计计数、应力与时间的关系曲线

图 3-26 泥岩 B2 声发射计数、累计计数、应力与时间曲线

3.7 不同围压下煤岩的声发射特征

3.7.1 实验设备及加载方式

试验采用中国武汉岩土力学研究所研制的 RMT-150C 型岩石力学伺服试验系统和北京科海恒生科技有限公司开发研制的 CDAE-1 型声发射检测仪，声发射实验系统是基于 PCI 总线控制的全数字化声发射检测及分析系统，有 18 通道。实验首先按静水压力条件，以 0.5MPa/s 的加载速率加载至预定的围压值，轴向加载采用位移控制方式，以 0.005mm/s 的加载速率连续加载至试样完全破坏。每种围压重复做 3 个试样，为了保持声发射系统与加载系统的同步性，声发射系统与加载系统同时监测，在三轴门缸与声发射传感器之间涂上一层耦合剂，门槛值设置为 48dB。试验系统示意图如图 3-7 所示。表 3-14 为试样详细参数。

表 3-14 煤样参数

取样地点	编号	规格/mm×mm	围压/MPa	加载方式
屯留煤矿	A1	49.24×100.16	5	三轴
	A2	50.02×100.18	5	三轴
	A3	49.92×99.94	5	三轴
	A4	49.74×99.96	10	三轴
	A5	49.87×99.42	10	三轴
	A6	49.56×99.79	10	三轴
	A7	49.86×100.04	15	三轴
	A8	49.54×99.86	15	三轴
	A9	49.16×100.26	15	三轴

3.7.2 不同围压下煤岩的声发射特征

图 3-27～图 3-29 分别为围压为 5MPa、10MPa 和 15MPa 时煤样的声发射计数、累计计数以及应力与时间变化曲线（由于篇幅有限只选用了 A1、A4 和 A7 的声发射参数来分析）。从图中可以看出，煤样在不同围压下的声发射特征具有很大的差异，在初始压密期，低围压下煤样的声发射计数相对水平比较高，但是随着围压的逐渐加大声发射计数水平有所降低。随着载荷的逐渐增加，开始进入弹性阶段，声发射计数水平都有所提高，累计计数也开始缓慢地增加，只是增加的幅度相对较小。随着载荷的持续增加，开始进入屈服期，试件开始出现不同的扩容现象，声发射计数开始活跃起来，声发射累计计数大幅增加，但是煤样在低围压与高围压相比，活跃程度大不相同，煤样在低围压下声发射计数是跳跃式的持续地增加，但是在高围压下，声发射计数一直保持在一个相对较平稳的水平状态下，声发射峰值计数相对在 5MPa 和 10MPa 时从 5000 次左右降低到了 450 次左右。随着载荷的继续增加，当应力超过煤样所能承受的极限承载能力之后，开始进入破坏阶段，在此阶段，煤样内部大量的裂隙和孔隙开始汇聚、贯通，开始形成宏观的裂纹，声发射计数特别活跃，声发射累计计数出现激增现象，在低围压下特别明显。

从以上分析可以看出，在不同围压下煤样的声发射特性具有很大的差异，特别是对在破坏前夕的声发射特性有很大的影响，围压越高，在煤样失稳破坏前出现突增现象的时间越长，在围压为 15MPa 持续的时间可达 150s 左右，当围压增加至 10MPa 时，突增现象急速降到了 50s 左右，当围压达到 5MPa 时，突增现象急速降到了 25s 左右。这说明在高围压下，前兆信息相对于低围压下是很明显的。

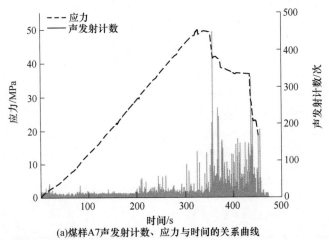

(a)煤样A7声发射计数、应力与时间的关系曲线

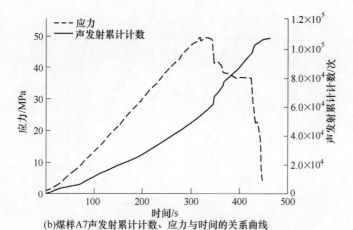

(b)煤样A7声发射累计计数、应力与时间的关系曲线

图 3-27 煤样 A7 声发射计数、累计计数、应力与时间曲线

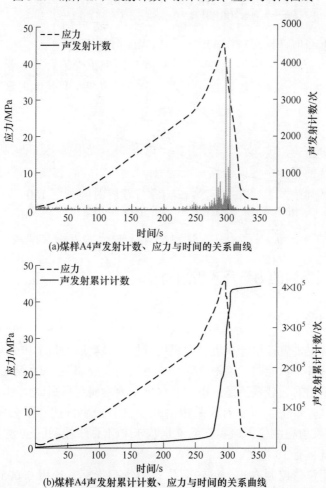

(a)煤样A4声发射计数、应力与时间的关系曲线

(b)煤样A4声发射累计计数、应力与时间的关系曲线

图 3-28 煤样 A4 声发射计数、累计计数、应力与时间曲线

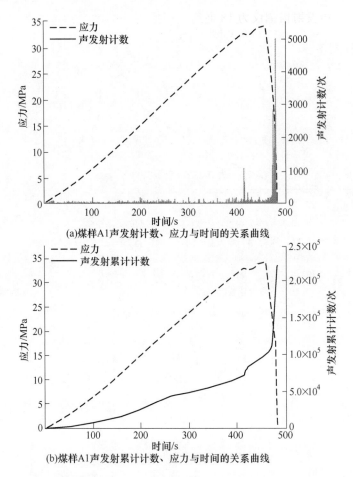

(a)煤样A1声发射计数、应力与时间的关系曲线

(b)煤样A1声发射累计计数、应力与时间的关系曲线

图 3-29　煤样 A1 声发射计数、累计计数、应力与时间曲线

3.8　顶底板煤岩的力学及声发射特征

3.8.1　实验设备及加载方式

实验设备主要由控制计算机、伺服控制柜、加载压力机、声发射仪、探头和主机以及具有各种功能的试验附件等组成。试验系统如图 3-7 所示。

实验中采用的加载系统是由中国武汉岩土力学研究所研制的 RMT-150C 型岩石力学伺服试验系统，声发射仪采用由北京科海恒生科技有限公司开发研制的 CDAE-1 型声发射检测仪，该实验系统是基于 PCI 总线控制的全数字化声发射检测及分析系统，有 18 通道。

实验采用位移控制方式，以轴向位移为实验指标，选用 0.005mm/s 作为加载速率，连续加载至试样完全破坏。为了保持数据的一致性，把实验中的参数设置成相同的。声发射检测仪为 18 通道，门槛值设置为 48dB。

3.8.2 试样制备

试验室试验所采用的试样取自平煤集团八矿，试样分为戊组煤、顶板砂岩和底板砂质泥岩。按照规程的要求，把煤岩样加工成直径为 50mm、高度为 100mm、煤样两端不平行度小于 0.05mm 的标准煤岩样。煤岩样的基本参数如表 3-15 所示。

表 3-15 煤岩样参数

取样地点	编号	规格/mm×mm	强度/MPa	加载方式
顶板砂岩	A1	49.24×100.16	140.26	位移加载
	A2	50.02×100.18	157.99	位移加载
	A3	49.92×99.94	147.61	位移加载
底板砂质泥岩	B1	49.74×99.96	121.25	位移加载
	B2	49.56×100.12	118.12	位移加载
	B3	49.62×100.58	96.97	位移加载
戊组煤	C1	50.14×100.24	23.26	位移加载
	C2	49.86×99.38	22.43	位移加载
	C3	49.62×100.58	22.08	位移加载

3.8.3 单轴压缩下煤岩样力学特征分析

煤岩样的全应力-应变曲线能够反映煤岩样在单轴压缩下的应力-应变特性。根据试验结果绘制了顶板砂岩（A1）、底板砂质泥岩（B3）和戊组煤（C3）试样的应力-应变曲线图，如图 3-30 所示。全应力-应变曲线可分为四个阶段：初始压密阶段、准弹性阶段、塑性变形破坏阶段和残余变形阶段。

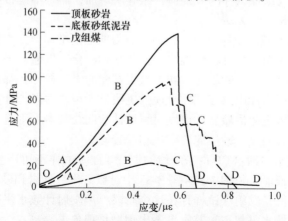

图 3-30 单轴压缩下煤岩样应力-应变曲线图

（1）初始压密阶段（OA）：由于砂岩、砂质泥岩和戊组煤试样中含有原生的裂隙和孔隙，随着应力的增加这些原生的孔隙和裂隙被压实，应变逐渐增加。

（2）准弹性阶段（AB）：从微观上看，煤岩体试样发生变形和破坏是不连续的，并且在此阶段存在少部分的不可逆变形，因此称为准弹性阶段。经过初始压密阶段后，试样内部的原生裂隙和孔隙都被压实，砂岩、砂质泥岩和戊组煤试样的应力与应变曲线几乎都发展成直线，但是砂岩的相对较长。

（3）塑性变形破坏阶段（BC）：随着应力的增加，试样内部产生了大量的裂隙和孔隙，最终汇合、贯通导致试样失稳破坏。在此阶段砂岩、砂质泥岩和戊组煤试样都出现了一个峰值应力，砂岩的最大，砂质泥岩的次之，戊组煤的最小。砂岩经过峰值应力之后应力-应变曲线急速下降，砂质泥岩和戊组煤下降的相对较为缓慢。

（4）残余变形阶段（CD）：随着应力的继续增加，破裂面开始出现张开或者滑移现象，新的裂隙不再产生。砂岩和砂质泥岩基本上不存在这个阶段，但是戊组煤存在这个阶段，并且相对比较明显，最终形成了比较完整的应力-应变曲线。

3.8.4　单轴压缩下煤岩样声发射特征分析

图3-31～图3-33为单轴压缩下煤岩声发射计数、累计计数以及应力与时间的曲线。从图中可以看出，不同的阶段声发射计数和累计计数的特征各不相同，并且砂岩、砂质泥岩和戊组煤试样的声发射特征也不相同[5]。

（1）初始压密阶段（OA）：由于煤岩体中存在原生裂隙和孔隙，随着应力的增加，这些原生裂隙和孔隙被压实，在此阶段砂岩、砂质泥岩和戊组煤试样的声发射计数都比较少，声发射累计计数增加特别缓慢。

（2）准弹性阶段（AB）：从微观上看，煤岩体试样发生变形和破坏是不连续的，并且在此阶段存在少部分的不可逆变形，因此称为准弹性阶段。在此阶段砂岩、砂质泥岩和戊组煤试样的声发射计数有所增加，但是不是很明显，声发射累计计数增加的也相对较为缓慢。

（3）塑性变形破坏阶段（BC）：随着应力的逐渐增加，煤岩体试样内部开始大量产生裂隙和孔隙，并且这些裂隙和孔隙互相汇合、贯通，最终导致煤岩体失稳破坏。在此阶段砂岩、砂质泥岩和戊组煤试样的声发射计数都出现了跳跃式的增长，但是砂质泥岩和戊组煤试样出现的更明显。声发射累计计数都出现了激增现象，但是砂岩出现的最激烈，声发射累计计数曲线基本上垂直上升；戊组煤次之，增长的也比较明显；砂质泥岩变化相对较慢。

（4）残余变形阶段（CD）：在此阶段，煤岩体试样不再产生新的裂隙和孔隙，声发射水平很弱。从图3-31～图3-33中可以看出，砂岩和砂质泥岩基本上不存在这个阶段，但是戊组煤试样存在这个阶段，声发射计数水平很低，声发射累计计数基本上保持水平状态，基本上不出现增长现象了。

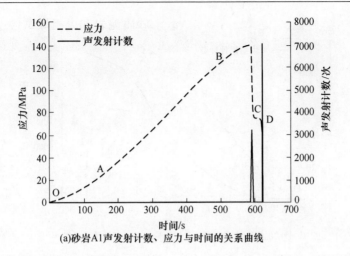

(a)砂岩A1声发射计数、应力与时间的关系曲线

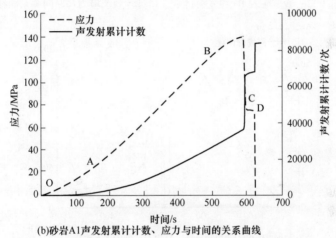

(b)砂岩A1声发射累计计数、应力与时间的关系曲线

图 3-31 砂岩 A1 声发射计数、累计计数、应力与时间曲线

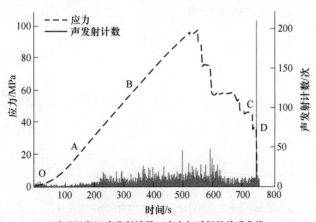

(a)砂质泥岩B3声发射计数、应力与时间的关系曲线

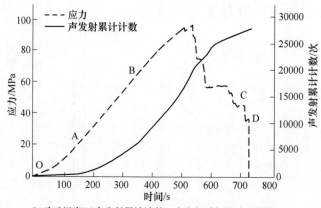

(b)砂质泥岩B3声发射累计计数、应力与时间的关系曲线

图 3-32 砂质泥岩 B3 声发射计数、累计计数、应力与时间关系曲线

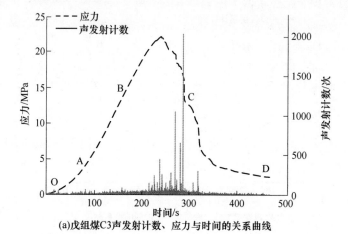

(a)戊组煤C3声发射计数、应力与时间的关系曲线

(b)戊组煤C3声发射累计计数、应力与时间的关系曲线

图 3-33 戊组煤 C3 声发射计数、累计计数、应力与时间关系曲线

3.9 厚坚硬顶板岩石的力学及声发射特征

3.9.1 实验设备及加载方式

单轴压缩试验、间接拉伸试验和三轴压缩试验是在 RMT-150C 试验机上进行的。该系统主要由主控计算机、液压控制器、三轴压力源、数字控制器、手动控制器、液压控制器、液压源等组成。该设备可以进行单轴压缩实验、三轴压缩试验、剪切试验和单轴间接拉伸实验等。声发射试验是在 DS5 声发射监测仪上进行的。该系统具有 8 个通道，同时可以监测外部参数（温度、压力）。该系统可以进行声发射定位，并且可以记录全过程中的波形特征，有助于数据的后处理。

（1）声发射试验：声发射试验是与力学实验同时进行的。声发射试验过程中采用两个探头，两个探头对称地放在试样的正中间。为了保持传感器的试样充分接触，试验过程中在传感器上涂上耦合剂。为了保证声发射数据与力学数据同时获得，声发射试验与力学实验系统是同时开始采集数据的。声发射试验的外参是 40dB，门槛值是 50mV，采样频率是 3MHz。

（2）力学实验：间接拉伸试验采用力控制，加载速率是 0.2kN/s，重复进行 5 个试样。单轴压缩试验采用位移控制，加载速率是 0.005mm/s，重复进行 3 个试样。三轴压缩试验采用位移控制，首先按静水压力条件 $\sigma_1 = \sigma_2 = \sigma_3$，以 0.5MPa/s 的加载速率施加围压至 5MPa、10MPa、15MPa、20MPa、25MPa，然后以 0.01mm/s 的加载速率连续施加轴向载荷至试样完全破坏。试验过程中都保持轴向加载与声发射检测同步进行。

3.9.2 试样采集

52307 工作面主采 5-2 煤层，上部 3.71m 处有一层厚 30.87m 的细粒砂岩，如图 3-34 所示。为了研究这层砂岩的力学及声发射特征，通过钻孔取芯的方法进行取样，采集的试样全部用泡沫包裹起来，然后再放入岩芯盒中，防止运输中损伤。试样按照规程要求，巴西劈裂试样加工成 ϕ25mm×25mm，单轴和三轴压缩试样加工成 ϕ50mm×100mm。

岩性	柱状	厚度/m	埋深/m
细粒砂岩		30.87	175.62
粉砂岩		0.60	176.22
中粒砂岩		0.70	176.92
粉砂岩		2.41	179.33
5-2煤		7.04	186.37

图 3-34　柱状示意图

3.9.3 厚坚硬顶板岩石的力学特征

为了了解某矿厚顶板的力学特征，选取了 13 个试样，分别进行了间接拉伸实验、单轴压缩实验、三轴压缩实验。

3.9.3.1 间接拉伸实验结果分析

顶板的运动不仅仅有压缩和剪切破坏，经常也会出现拉伸破坏。因此，研究抗拉强度有助于了解这种薄基岩中厚坚硬顶板产生大面积的内在原因。试样的屈服抗拉强度和峰值抗拉强度采用式（3-3）计算：

$$R = \frac{2P}{\pi DL} \tag{3-3}$$

式中　P——载荷，N；

　　　D——试样的直径，mm；

　　　L——试样的长度，mm。

表 3-16 为间接拉伸下砂岩的力学参数；图 3-35 是间接拉伸下砂岩的应力-应变曲线。从表 3-16 和图 3-35 中可以看出，厚顶板中砂岩的抗拉强度范围为 4.360~5.228MPa，平均值为 4.825MPa；峰值应变的范围为（1.028~1.165）×10⁻³。

表 3-16　间接拉伸下砂岩的力学参数

编号	直径 /mm	高度 /mm	加载速率 /kN·s⁻¹	抗拉强度 /MPa	应变
A1	49.80	25.30	0.2	4.360	1.078×10^{-3}
A2	49.82	25.92	0.2	4.413	1.041×10^{-3}
A3	49.82	26.36	0.2	5.228	1.103×10^{-3}
A4	49.92	26.02	0.2	4.939	1.028×10^{-3}
A5	49.90	27.90	0.2	5.183	1.165×10^{-3}

3.9.3.2 单轴压缩实验结果分析

为了获得顶板的抗压强度、弹性模量和泊松比等参数，对 3 个标准试样进行了单轴压缩试验。表 3-17 是单轴压缩下厚顶板砂岩的力学参数；图 3-36 是单轴压缩下砂岩的全应力-应变曲线图。从表 3-17 中可以看出，该砂岩的单轴抗压强度和弹性模量都比较高。峰值应力的范围是 81.779~89.175MPa，平均值是 85.313MPa。根据规范（中华人民共和国水利部，2008）中对坚硬岩石的定义，该砂岩为坚硬岩石。峰值应变比较小，最大值为 8.331×10⁻³，最小值为 7.229×

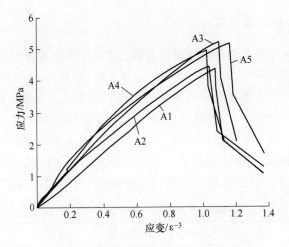

图 3-35 间接拉伸下砂岩的应力-应变曲线

10^{-3}，平均值为 7.929×10^{-3}。弹性模量的范围为 $12.951 \sim 15.155\text{GPa}$，平均值为 13.814GPa。

表 3-17 单轴压缩下砂岩的力学参数

编号	直径 /mm	高度 /mm	加载速率 /mm·s^{-1}	应力 /MPa	应变	弹性模量/GPa	泊松比
B1	49.70	99.82	0.005	89.175	8.227×10^{-3}	13.336	0.249
B2	50.20	100.70	0.005	81.779	8.331×10^{-3}	12.951	0.273
B3	50.02	100.40	0.005	84.984	7.229×10^{-3}	15.155	0.239

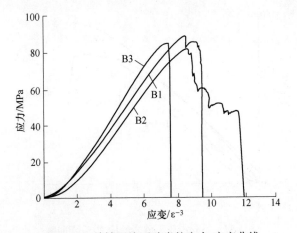

图 3-36 单轴压缩下砂岩的应力-应变曲线

3.9.3.3　三轴压缩实验结果分析

　　为了获得顶板的黏聚力和内摩擦角参数，选取了 5 个标准试样进行了常规三轴压缩实验。按照规程要求，5 个试样分别在 5MPa、10MPa、15MPa、20MPa 和 25MPa 下进行实验。实验过程中首先采用力控制的方式，加载速率为 1kN/s，围压的加载速率为 0.5MPa/s；加载预定围压之后，围压保持不变，轴向采用位移控制方式，加载速率为 0.01mm/s。表 3-18 是不同围压下的力学参数；图 3-37 是不同围压下砂岩的应力-应变曲线图。根据不同围压下的力学参数，采用 RMT-150C 软件进行拟和，得出其黏聚力为 23.389MPa，内摩擦角为 32°。

表 3-18　不同围压下砂岩的力学参数

编号	D/mm	高度/mm	σ_3/MPa	σ_1/MPa	应变	E/GPa
C1	50.02	98.86	5	103.663	10.563×10^{-3}	13.813
C2	50.06	100.40	10	114.277	9.388×10^{-3}	14.874
C3	50.02	100.38	15	136.319	12.637×10^{-3}	12.816
C4	50.02	99.70	20	138.507	13.832×10^{-3}	12.166
C5	50.02	100.10	25	173.503	15.446×10^{-3}	15.771

　　从图 3-37 中可以看出，顶板砂岩单轴和三轴压缩过程可以分为压密阶段、线弹性阶段、屈服阶段和破坏阶段。单轴压缩时，压密阶段相对较长，屈服阶段较短，峰后应力跌落较快，表现出红砂岩的脆性特征。随着围压增加压密阶段变短，峰值前屈服阶段逐渐明显，即峰值前有明显塑性变形，峰值应变逐渐增加，峰值强度点逐渐后移，峰值强度增加。

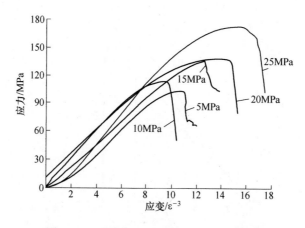

图 3-37　不同围压下砂岩的应力-应变曲线

3.9.4 厚坚硬顶板岩石的声发射特征分析

声发射是指岩石类材料中局部破裂并以弹性波方式快速释放能量的现象。薄基岩中厚坚硬顶板断裂形成矿压显现的过程中，会以弹性波的方式快速释放能量，产生声发射[6,7]。因此，研究这种坚硬顶板破裂过程中的声发射特征，寻找这种坚硬顶板断裂的前兆信息，有助于对这种坚硬顶板动力灾害的监测和防治。为了研究这种坚硬顶板破裂过程中声发射的前兆信息，在进行间接拉伸实验、单轴压缩试验和三轴压缩实验过程中，同时监测其声发射信息。通过声发射试验获得了 3 种实验过程中的声发射计数、累计计数和波形特征。

3.9.4.1 声发射计数与累计计数特征分析

图 3-38 ~ 图 3-40 分别为间接拉伸实验、单轴压缩实验和三轴压缩过程中的声发射计数、累计计数及应力与时间的关系曲线。从图 3-38 ~ 图 3-40 中可以发现，间接拉伸实验、单轴压缩实验和三轴压缩实验过程中的声发射基本上都可以分为三个阶段，分别为声发射累计计数增长相对平静期、声发射累计计数快速增长期和声发射累计计数突增期。间接拉伸实验过程中声发射累计计数相对平静期特别明显，在此阶段，声发射计数基本上没有，只是零星的出现，并且声发射计数的峰值特别小；但是在三轴压缩过程中出现的了一个小幅度的增长期，这是由于在加围压过程中造成的声发射现象。进入声发射快速增长期之后，3 种实验的声发射计数出现的次数都开始逐步增多，并且在此阶段声发射计数的峰值计数也增加了不少。在进入声发射累计计数突增期之后，声发射计数出现的次数特别多，并且，声发射计数的峰值比前两个阶段大了很多，尤其是在破坏的前夕，声发射计数都会出现一个相对的峰值。单轴压缩试验过程中砂岩破裂前夕的声发射峰值计数特别明显。

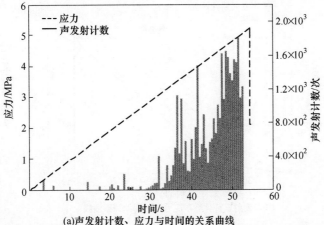

(a)声发射计数、应力与时间的关系曲线

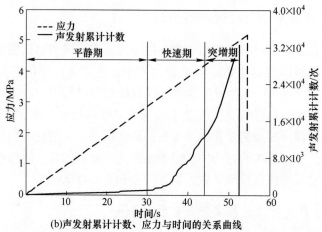

(b)声发射累计计数、应力与时间的关系曲线

图 3-38　间接拉伸下声发射计数、累计计数、应力与时间的关系

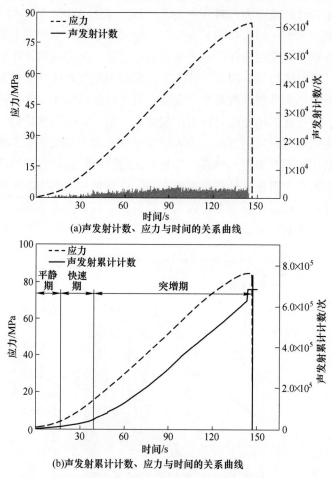

(a)声发射计数、应力与时间的关系曲线

(b)声发射累计计数、应力与时间的关系曲线

图 3-39　单轴压缩下声发射计数、累计计数及应力与时间的关系

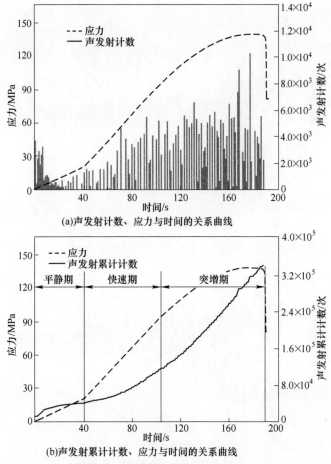

(a)声发射计数、应力与时间的关系曲线

(b)声发射累计计数、应力与时间的关系曲线

图 3-40 单轴压缩下声发射计数、累计计数、应力与时间的关系

3.9.4.2 声发射波形特征分析

为了探讨薄基岩厚坚硬顶板破裂过程中的声发射前兆信息，对间接拉伸实验和单轴压缩实验坚硬顶板砂岩的波形特征进行了分析。从图 3-41 和图 3-42 中可以看出，在声发射累计计数相对平静期和快速增长期的信号强度相对较小，但是进入突增期之后，信号强度也会增大，间接拉伸实验中坚硬顶板砂岩的信号强度增大的不明显，但是在单轴压缩试验过程中坚硬顶板砂岩的信号强度增大的特别明显，峰值信号强度相对前面两个阶段增大了 10 倍，尤其是在破裂前夕，峰值信号强度是前面两个阶段的 25 倍。因此，对于拉伸破裂区，可以设置信号强度±0.4mV 为其警戒线，当信号强度的绝对值超过 0.4mV 时提出预警信息；对于压剪破裂区，可以设置信号强度±4mV 为其警戒线，当信号强度的绝对值超过 4mV 时，提出预警信息。

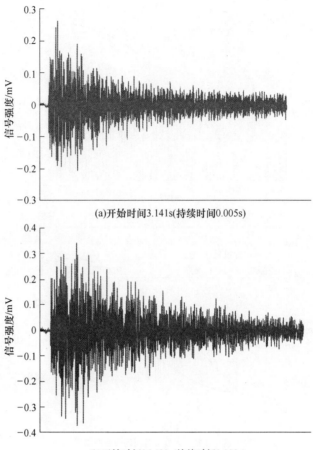

(a)开始时间3.141s(持续时间0.005s)

(b)开始时间36.489s(持续时间0.003s)

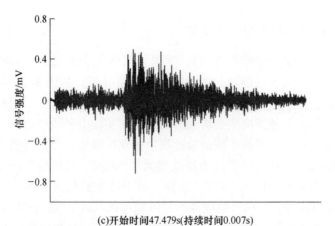

(c)开始时间47.479s(持续时间0.007s)

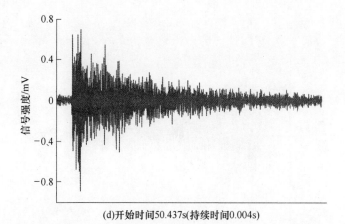

(d)开始时间50.437s(持续时间0.004s)

图 3-41 间接拉伸下不同阶段坚硬顶板岩石的声发射波形特征

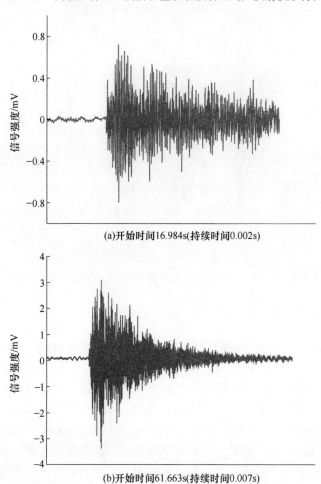

(a)开始时间16.984s(持续时间0.002s)

(b)开始时间61.663s(持续时间0.007s)

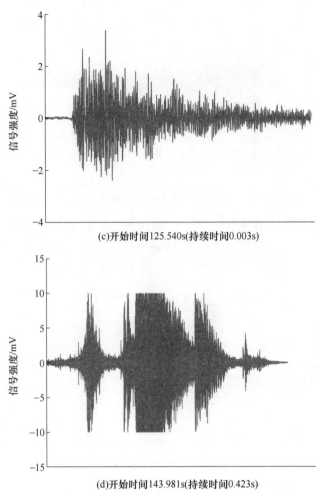

(c)开始时间125.540s(持续时间0.003s)

(d)开始时间143.981s(持续时间0.423s)

图 3-42　单轴压缩下不同阶段坚硬顶板岩石的声发射波形特征

3.9.4.3　不同应力阶段的声发射特征分析

　　不同应力阶段的声发射特征是具有一定差异的，研究薄基岩中厚坚硬顶板砂岩不同应力阶段的声发射特征有助于寻找出其差异性，找出相应的前兆信息。为了分析某矿厚坚硬顶板砂岩不同应力阶段的声发射特征，把全过程的声发射计数分为 10 个阶段，分别为应力的 0～10%、10%～20%、20%～30%、30%～40%、40%～50%、50%～60%、60%～70%、70%～80%、80%～90% 和 90%～100%。从表 3-19 和图 3-43 中可以发现，间接拉伸实验、单轴压缩实验和三轴压缩实验下厚坚硬顶板砂岩的声发射计数具有很大的差异。间接拉伸实验中厚坚硬顶板砂岩的声发射计数在进入峰值抗拉强度的 60% 之前，所有的阶段声发射计数出现的频率都很低。声发射计数出现最多的阶段，累计计数为全过程累计计数的 1.99%；声发射计数出现最少的阶段，仅为全过程声发射累计计数的 0.15%。在单轴压缩实验过程中厚坚硬顶板砂岩在进入峰值应力的 60% 之前，声发射累计计数都不会超过全过程的 10%，最大值为 9.65%，最小值为 3.04%。在三轴压缩试验过程中厚坚硬顶板砂岩的声发射计数在第一个阶段声发射计数就比较大，但是在第二个阶段又变得很小，并且从第二个阶段开始一直到峰值应力的 80%，声发射累计计数都没有超过全过程累计计数的 10%。

表 3-19 不同应力阶段下三种实验方式厚坚硬顶板砂岩的声发射计数特征

应力阶段/%	间接拉伸		单轴压缩		三轴压缩	
	声发射计数	百分比/%	声发射计数	百分比/%	声发射计数	百分比/%
0~10	130	0.40	20875	3.04	36360	11.46
10~20	49	0.15	30923	4.50	8122	2.56
20~30	103	0.31	47347	6.90	5841	1.84
30~40	174	0.53	53075	7.73	9351	2.95
40~50	289	0.88	60937	8.88	15495	4.88
50~60	653	1.99	66284	9.65	21262	6.70
60~70	4359	13.27	77996	11.36	23524	7.41
70~80	6482	19.74	68875	10.03	26008	8.19
80~90	10054	30.62	77877	11.34	44543	14.03
90~100	10546	32.11	182360	26.56	126865	39.97

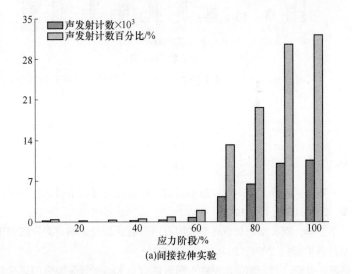

(a)间接拉伸实验

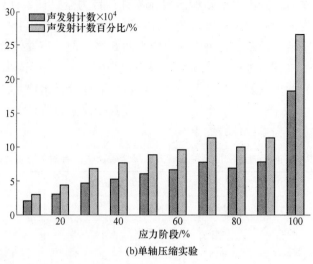

(b)单轴压缩实验

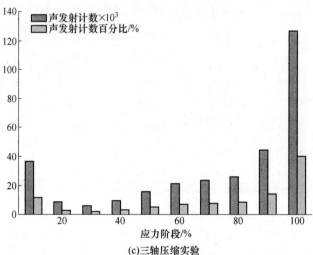

(c)三轴压缩实验

图 3-43 不同应力阶段下三种实验方式厚坚硬顶板砂岩的声发射计数特征图

参 考 文 献

[1] 梁忠雨, 高峰, 杨晓蓉, 等. 加载速率对岩石声发射信号影响的试验研究 [J]. 矿业研究与开发, 2010, 30 (1): 12-14.

[2] 万志军, 李学华, 刘长友. 加载速率对岩石声发射活动的影响 [J]. 辽宁工程技术大学学报 (自然科学版), 2001, 20 (4): 469-471.

[3] 陈勉, 张艳, 金衍, 等. 加载速率对不同岩性岩石 Kaiser 效应影响的试验研究 [J]. 岩

石力学与工程学报，2009，28（增1）：2599-2604.

[4] 童敏明，胡俊立，唐守锋，等. 不同应力速率下含水煤岩声发射信号特性 [J]. 采矿与安全工程学报，2009，26（1）：97-100.

[5] 陈宇龙，魏作安，许江，等. 单轴压缩条件下岩石声发射特性的实验研究 [J]. 煤炭学报，2011，36（增2）：237-240.

[6] Li H M, Li H G, Gao B B, et al. Study of acoustic emission and mechanical characteristics of coal samples under different loading rates [J]. Shock and Vibration, 2015 (Article ID 458519): 1-11.

[7] Gao B B, Li H G, Li H M. Study on acoustic emission and fractal characteristics of different damage types of rock [J]. Chinese Journal of Underground Space and Engineering, 2015, 11 (2): 358-363.

4 煤样破裂过程中声发射特性的数值模拟研究

4.1 引言

煤样是一种非均质材料，不同煤样的非均质性各不相同。煤样在受压破坏过程中，煤样内部的破坏结构和应力分布极其复杂，在这个过程中其表现出来的声发射特征也很复杂。数值模拟方法是利用数值计算方法来研究煤岩破坏过程中的声发射特性，一般研究过程中主要考虑力学参数影响因素和载荷加载方式影响因素。

在 20 世纪 70 年代左右，数值模拟计算方法开始得到了迅速的发展。东北大学的学者从微元强度的统计分布角度着手，建立了一种能够反映煤岩类材料变形与微观非均匀性的非线性联系的弹性损伤模型，以这个模型为基础开发出了一种岩石破裂过程及声发射特性研究软件（RFPA），该数值软件可以进行多种状态下的声发射数值模拟研究，并且实验结果与室内试验结果具有很好的一致性，该软件是一种研究煤岩破裂过程中的声发射特性较好的数值模拟软件。本章采用 RFPA 数值模拟软件对不同变质程度煤样破裂过程中的声发射特性进行了数值模拟。

4.2 RFPA 数值模拟简介

岩石破裂过程分析系统是由东北大学岩石破裂与失稳研究中心自主研究开发的数值模拟软件，全称为 Roek Failure Process Analysis，简写为 RFPA。RFPA 数值模拟软件是一种应用非常广泛的数值模拟软件，自 20 世纪 90 年代中期以来，该数值模拟软件已经在岩石的破裂过程、水力压裂过程和混凝土破坏过程等方面的研究中得到了广泛的应用。

RFPA[2D]数值模拟软件是一种基于弹性损伤模型的数值模拟软件，该软件能在 Windows XP 和 Windows 7 系统环境下运行，RFPA[2D]是岩石破裂过程分析系统 RFPA 的二维版本，能够很好地再现岩石的裂纹扩展过程。其假设材料的细观强度服从 Weibull 分布，该分布的密度函数如式（4-1）所示[1, 2]。

$$\phi(\varepsilon) = \frac{m}{\varepsilon_0} \left(\frac{\varepsilon}{\varepsilon_0} \right)^{m-1} \exp\left[-\left(\frac{\varepsilon}{\varepsilon_0} \right)^m \right] \tag{4-1}$$

式中 $\phi(\varepsilon)$ ——微元体的分布情况;

ε ——某种力学属性;

ε_0 ——所有单元力学属性的总体平均值;

m ——单元的均质程度。

由于 RFPA^{2D} 假设材料的细观强度服从 Weibull 分布,认为细观非均匀性是造成准脆性材料宏观非均匀性的根本原因,应用统计损伤的本构关系考虑了材料的非均匀性和缺陷分布的随机性,把这种材料性质的统计分布假设结合到数值方法中,并对满足强度准则的单元进行破坏处理,实现了非均匀材料的数值模拟。

采用 RFPA 数值模拟软件确定材料的细观弹性损伤本构关系,当单元的应力或应变达到规定的某一破坏值时,单元开始损伤破坏。该数值模拟软件采用了两个破坏准则:

(1) 最大拉应变准则,认为细观单元的最大拉伸主应变达到其允许最大应变时,该单元开始发生拉伸损伤;

(2) 莫尔库仑准则,认为细观单元的应力状态满足莫尔库仑准则时,该单元发生剪切损伤。

RFPA^{2D} 数值模拟软件流程图如图 4-1 所示。

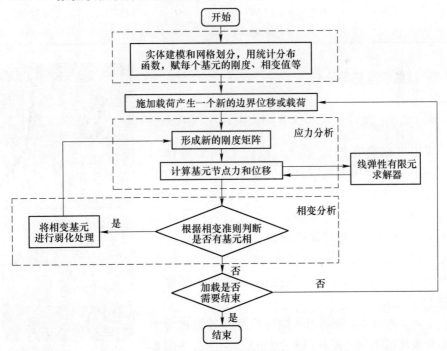

图 4-1 RFPA^{2D} 数值模拟流程图

4.3　不同强度煤样破裂过程中声发射特性的数值模拟

4.3.1　模型的建立

本节利用河南理工大学购买的 RFPA^{2D} 单机版数值模拟软件对不同强度煤样破裂过程中的声发射特性进行了研究。在试验过程中，煤样的截面尺寸为 100mm×50mm，为了考察不同强度煤样破裂过程中的声发射特性，设置基元材料的强度和弹性模量的均质度 m 为 1，均质度 m 越小表示材料的性质越不均匀，模型中的力学特性差异性越大。模型的加载方式采用位移控制方式，加载位移量为 0.0005mm/步，数值模拟中的加载步数依据具体试验过程而确定，模型中采用的准则是修正的 Mohr-Coufomb 准则，基元材料的拉压强度比都设定为 1/10，最大拉应变系数和最大压应变系数分别为 1.5 和 200，残余阀值系数为 0.1，内摩擦角设定为 30°。详细的模型参数如表 4-1 所示，图 4-2 为不同强度煤样的数值模拟试样。

表 4-1　详细参数表

编号	弹性模量/GPa	泊松比	强度/MPa	内摩擦角/（°）	均质度	加载速率/mm·步$^{-1}$
1	5.483	0.3	4.446	30	1	0.0005
2	5.483	0.3	17.017	30	1	0.0005
3	5.483	0.3	24.991	30	1	0.0005

4.3.2　数值模拟结果分析

4.3.2.1　煤样破裂和声发射空间演化过程分析

煤岩类材料在经过复杂的地应力和地质作用后，在其力学性质上具有高度的非均质性和各向异性等特点。在地下煤层开采过程中会破坏煤岩所处的应力状态，使煤岩变形破坏，在此过程中会产生声发射现象。为了考察强度对煤样破裂过程中的声发射特性的影响，利用河南理工大学购买的 RFPA^{2D} 数值模拟软件对不同强度煤样的声发射特性进行了研究。

图 4-3 和图 4-4 分别为不同强度煤样破裂过程中的部分破坏形态演化图和声发射特征演化图。从图 4-3 中可以看出，煤样刚开始只是出现一些破坏点，随

图 4-2　不同强度煤样的
数值模拟试样

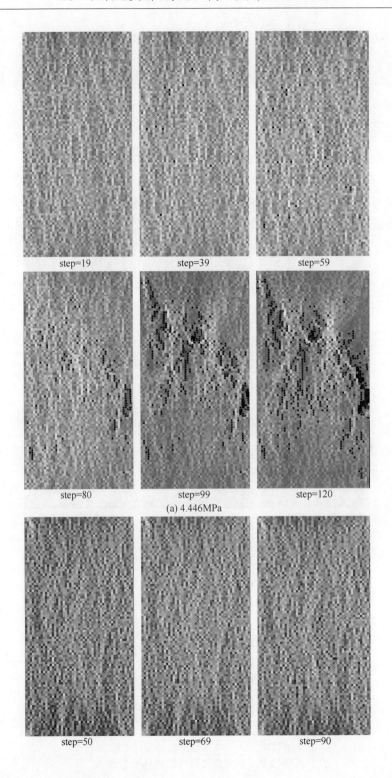

(a) 4.446MPa

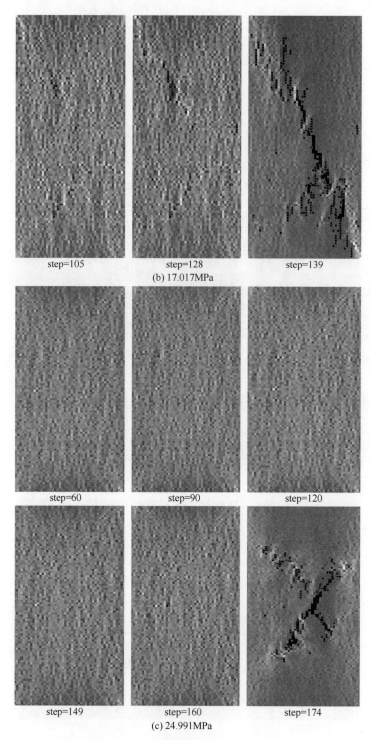

图 4-3　不同强度煤样的破坏形态图

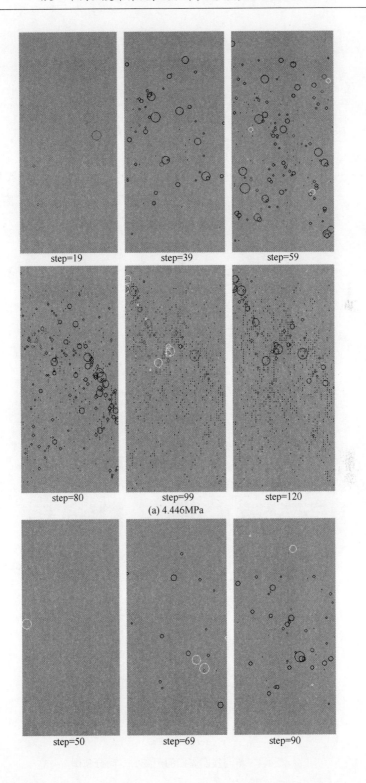

(a) 4.446MPa

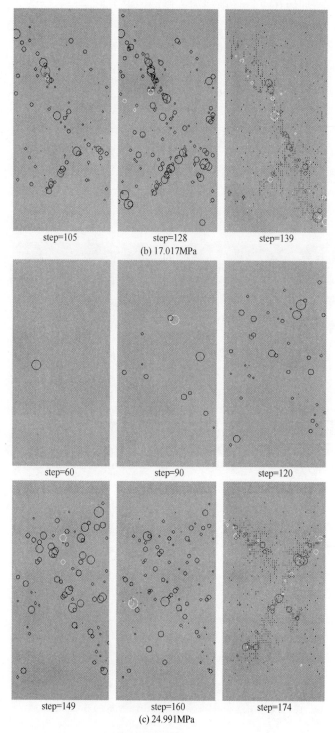

图 4-4　不同强度煤样的声发射空间分布图

着应力的逐渐增加破坏点也逐渐增加，慢慢地汇集形成贯通的裂隙，最后形成破坏面。强度为 4.446MPa 时煤样破坏得比较严重，随着强度的逐渐增加，煤样的破坏形态也出现了一些变化。从图 4-3 中可以看出，随着煤样强度逐渐增大，煤样出现宏观的破裂面的步数逐渐缩小，煤样破坏过程中由塑性破坏逐渐向脆性破坏转变。图 4-4 为不同强度煤样破裂过程中的声发射空间分布特征图，图中的圆圈大小表示破裂过程中所释放出能量的大小，圆圈越大释放的能量越大，图中黑色的圆圈和白色的圆圈分别表示先前所产生的和当前所产生的微破裂所造成的声发射。从图 4-4 中可以看出，不同强度下煤样破裂过程中声发射空间分布特征基本上可以分为三个阶段：第一个阶段，声发射空间分布表现为无规则随机地分布在整个试样上，宏观破坏形态也不明显，只是均匀地产生变形；第二个阶段，声发射空间分布开始逐渐从无序到有序之间的转变，慢慢地会在产生宏观断裂的部位出现声发射事件增多，宏观破坏形态图也会出现一些破坏点；第三个阶段，经过第一个阶段和第二个阶段之后，此时的声发射事件开始集中于一个断面上，最后试样在这个断面上发生宏观破裂。不同强度煤样出现宏观破裂面时，声发射空间分布图上在破裂面处会聚集很多声发射点，与声发射在最后会出现聚集、汇合、贯通形成破裂面的现象相吻合。

4.3.2.2 煤样破裂过程中的声发射参数分析

图 4-5 为不同强度煤样破裂过程中的声发射计数、累计计数、能量和累计能量及加载力与加载步数的关系曲线图。从图中可以看出，不同强度煤样破裂过程中的声发射参数特征具有一定的规律性，主要表现在：

（1）不同强度煤样破裂过程中的声发射计数和能量都在峰值加载力附近出现，并且随着强度的增大，峰值声发射计数和能量都有所增加。强度最小时声发

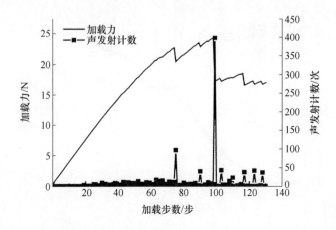

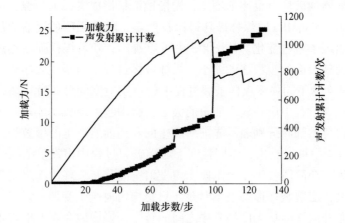

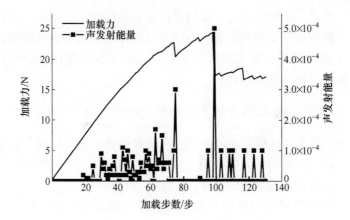

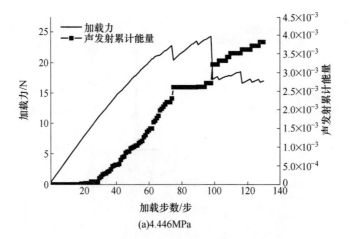

(a)4.446MPa

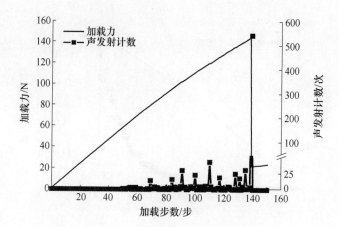

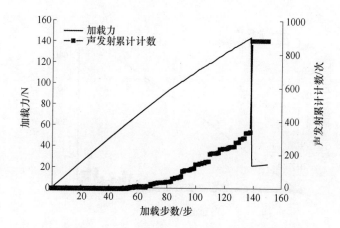

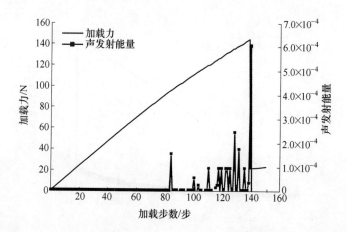

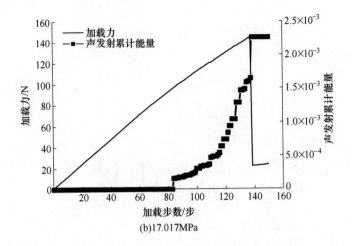

(b)17.017MPa

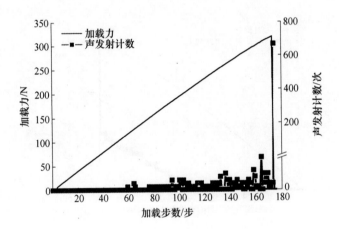

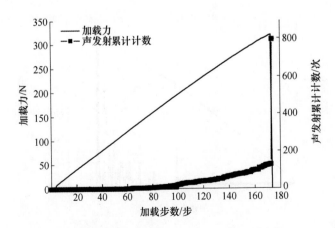

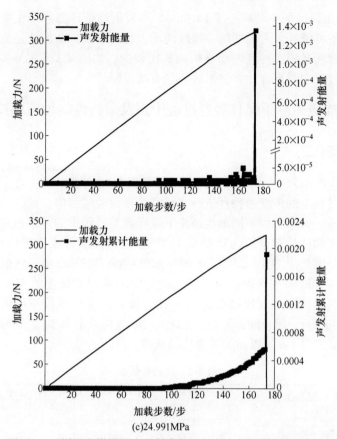

(c)24.991MPa

图4-5 不同强度煤样的声发射参数及加载力与加载步数关系图

射峰值计数为 398 次，声发射峰值能量为 5.0×10⁻⁴；强度居中时声发射峰值计数为 543 次，相比强度最小时增加了 36.43%，声发射峰值能量为 6.1×10⁻⁴，相比强度最小时增加了 22.00%；强度最大时声发射峰值计数为 669 次，相比强度最小时增加了 68.09%，相比强度居中时增加了 23.20%，声发射峰值能量为 1.362×10⁻³，相比强度最小时增加了 172.40%，相比强度居中时增加了 123.28%。声发射峰值计数和峰值能量会出现逐渐增大的现象可能是因为煤样随着强度的增大脆性增强，在出现宏观破坏时破裂比较明显导致的。

（2）不同强度煤样破裂过程中的声发射累计计数和累计能量都随着强度的增大而出现逐渐减小的趋势。强度最小时声发射累计计数为 1101 次，声发射累计能量为 0.00382；强度居中时声发射累计计数为 886 次，相比强度最小时减小了 19.53%，声发射累计能量为 0.00226，相比强度最小时减小了 40.84%；强度最大时声发射累计计数为 799 次，相比强度最小时减小了 27.43%，相比强度居中时减小了 9.82%，声发射累计能量为 0.001922，相比强度最小时减小了

49.68%，相比强度居中时减小了 14.96%。声发射峰值计数和峰值能量会出现逐渐增大的现象可能是因为煤样随着强度的增大脆性增强，在加载过程中试样内部结构调整相对较微弱，并且内部结构调整比较少，如图 4-3 和图 4-4 所示，因此导致其破裂过程中的累计计数和累计能量有所下降。

4.4 不同加载速率下煤样破裂过程中声发射特性的数值模拟

4.4.1 模型的建立

本节利用河南理工大学购买的 RFPA^{2D}单机版数值模拟软件对不同加载速率下煤样破裂过程中的声发射特性进行了研究。在试验过程中，煤样的截面尺寸为 100mm×50mm，为了考察不同加载速率下煤样破裂过程中的声发射特性，设置基元材料的强度和弹性模量的均质度 m 为 1。模型的加载方式采用位移控制方式，加载位移量分别为 0.001mm/步、0.003mm/步和 0.005mm/步，数值模拟中的加载步数依据具体试验过程而确定，模型中采用的准则是修正的 Mohr-Coufomb 准则，基元材料的拉压强度比都设定为 1/10，最大拉应变系数和最大压应变系数分别为 1.5 和 200，残余阀值系数为 0.1，内摩擦角设定为 30°。详细的模型参数如表 4-2 所示，图 4-6 为煤样的数值模拟试样。

表 4-2   详细参数表

编号	弹性模量/GPa	泊松比	强度/MPa	内摩擦角/（°）	均质度	加载速率/mm·步$^{-1}$
1	4.281	0.3	22.27	30	1	0.001
2	4.281	0.3	22.27	30	1	0.003
3	4.281	0.3	22.27	30	1	0.005

图 4-6   煤样的数值模拟试样

4.4.2 数值模拟结果分析

4.4.2.1 煤样破裂和声发射空间演化过程分析

图 4-7 和图 4-8 分别为不同加载速率下煤样破裂过程中的部分破坏形态演化图和声发射特征演化图，图 4-9 为不同加载速率下煤样破裂过程中的声发射计数、声发射累计计数与加载步数的关系曲线图。从图 4-7~图 4-9 中可以看出，不同加载速率下煤样的声发射特征、破坏形态、声发射计数、声发射累计计数具有一定的差异性。从图 4-7 中可以看出，随着加载速率的增加，煤样出现破坏的时间逐渐缩短，在加载速率为 0.001mm/步时出现在第 97 步，在加载速率为 0.003mm/步时出现在第 43 步，在加载速率为 0.005mm/步时出现在第 35 步，并且可以看出随着加载速率的增加，煤样的破坏程度逐渐增大。图 4-8 为不同加载

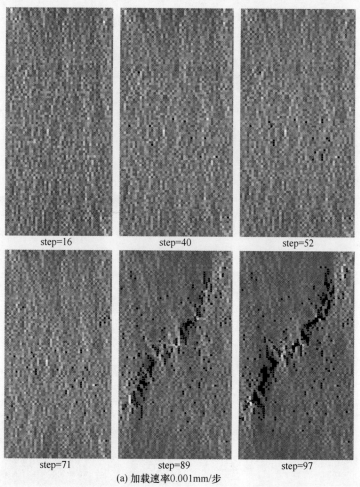

step=16   step=40   step=52

step=71   step=89   step=97

(a) 加载速率0.001mm/步

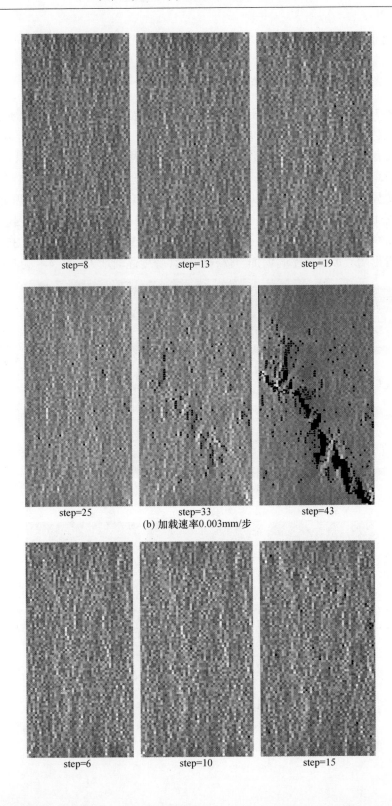

step=8　　　　　　　　step=13　　　　　　　　step=19

step=25　　　　　　　　step=33　　　　　　　　step=43

(b) 加载速率0.003mm/步

step=6　　　　　　　　step=10　　　　　　　　step=15

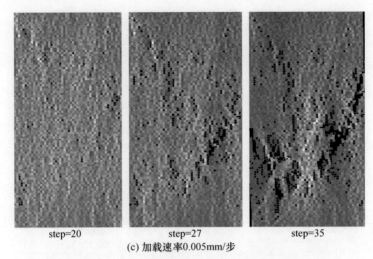

step=20   step=27   step=35
(c) 加载速率0.005mm/步
图 4-7   不同加载速率下煤样的破坏形态图

速率下煤样破裂过程中的声发射空间分布特征图，图中的圆圈大小表示破裂过程中所释放出能量的大小，圆圈越大释放的能量越大，图中黑色的圆圈和白色的圆圈分别表示先前所产生的和当前所产生的微破裂所造成的声发射。从图 4-8 中可以看出，不同加载速率下煤样破裂过程中声发射空间分布特征基本上也可以分为三个阶段：第一个阶段，声发射空间分布表现为无规则随机地分布在整个试样上，宏观破坏形态也不明显，只是均匀地产生变形；第二个阶段，声发射空间分布开始逐渐从无序到有序之间的转变，慢慢地会在产生宏观断裂的部位出现声发射事件增多，宏观破坏形态图也会出现一些破坏点；第三个阶段，经过第一个阶段和第二个阶段之后，此时的声发射事件开始集中于一个断面上，最后试样在这个断面上发生宏观破裂。

4.4.2.2   煤样破裂过程中的声发射参数分析

图 4-9 为不同加载速率下煤样破裂过程中的声发射计数、累计计数、能量和累计能量及加载力与加载步数的关系曲线图。从图中可以看出，不同加载速率下煤样破裂过程中的声发射参数特征具有一定的规律性。主要表现在：

（1）不同加载速率下煤样破裂过程中的峰值加载力随着加载速率的增加逐渐增大。在加载速率为 0.001mm/步时，峰值加载力为 129.49N；在加载速率为 0.003mm/步时，峰值加载力为 140.21N，相比加载速率为 0.001mm/步时增大了 8.28%；在加载速率为 0.005mm/步时，峰值加载力为 145.25N，相比加载速率为 0.001mm/步时增大了 12.17%，相比加载速率为 0.003mm/步时增大了 3.59%。

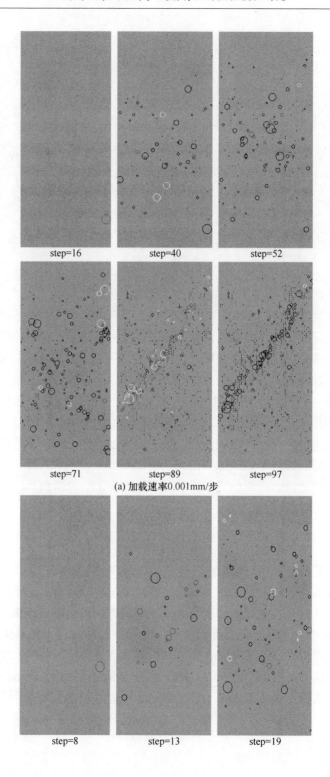

step=16   step=40   step=52

step=71   step=89   step=97

(a) 加载速率0.001mm/步

step=8   step=13   step=19

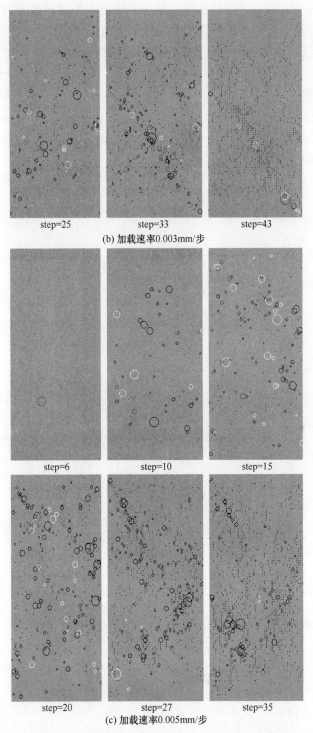

(b) 加载速率0.003mm/步

(c) 加载速率0.005mm/步

图 4-8 不同加载速率下煤样的声发射空间分布图

（2）不同加载速率下煤样破裂过程中的峰值声发射计数和能量随着加载速率的增加逐渐增大。在加载速率为 0.001mm/步时，峰值声发射计数为 240 次，峰值声发射能量为 $5.3×10^{-4}$；在加载速率为 0.003mm/步时，峰值声发射计数为 307 次，相比加载速率为 0.001mm/步时增大了 27.92%，峰值声发射能量为 $6.1×10^{-4}$，相比加载速率为 0.001mm/步时增大了 15.09%；在加载速率为 0.005mm/步时，峰值声发射计数为 416 次，相比加载速率为 0.001mm/步时增大了 73.33%，相比加载速率为 0.003mm/步时增大了 35.50%，声发射峰值能量为 $8.8×10^{-4}$，相比加载速率为 0.001mm/步时增大了 66.04%，相比加载速率为 0.003mm/步时增大了 44.26%。声发射峰值计数和峰值能量会出现逐渐增大的现象可能是因为煤样随着加载速率的增大脆性增强，冲击性也增强，在出现宏观破坏时可能形成冲击性破坏。

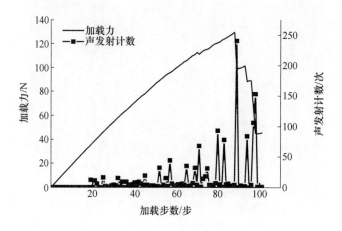

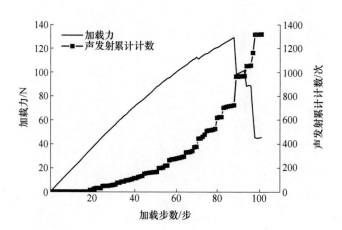

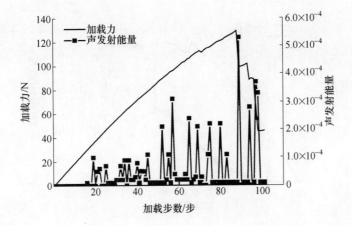

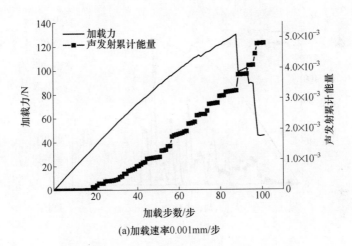

(a)加载速率0.001mm/步

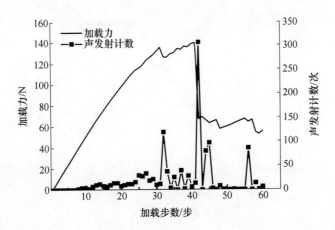

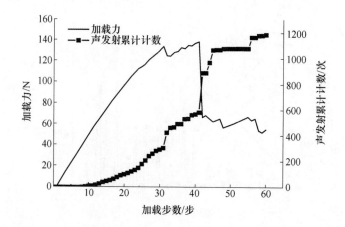

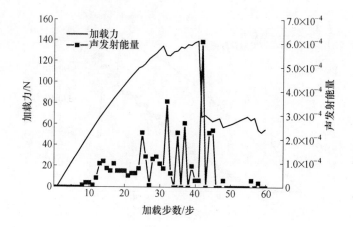

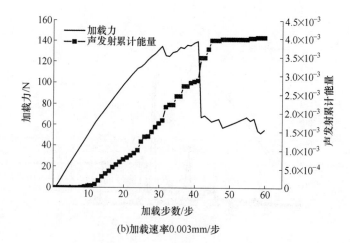

(b)加载速率0.003mm/步

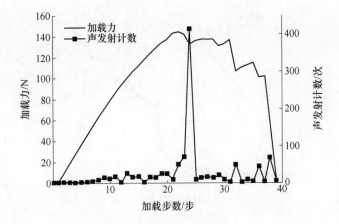

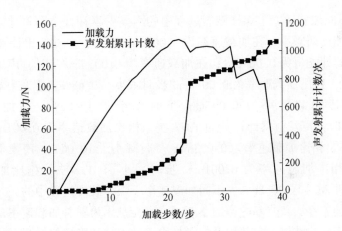

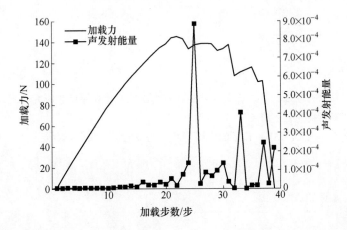

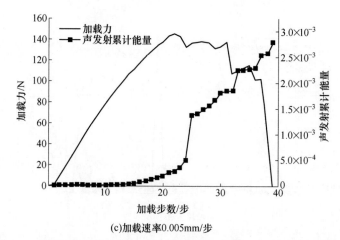

(c)加载速率0.005mm/步

图 4-9   不同加载速率下煤样的声发射参数、加载力与加载步数关系图

（3）不同加载速率下煤样破裂过程中的声发射累计计数和累计能量随着加载速率的增加逐渐减小。在加载速率为 0.001mm/步时，声发射累计计数为 1318 次，声发射累计能量为 0.004811；在加载速率为 0.003mm/步时，声发射累计计数为 1193 次，相比加载速率为 0.001mm/步时减小了 9.48%，声发射累计能量为 0.00405，相比加载速率为 0.001mm/步时减小了 15.82%；在加载速率为 0.005mm/步时，声发射累计计数为 1073 次，相比加载速率为 0.001mm/步时减小了 18.59%，相比加载速率为 0.003mm/步时减小了 10.06%，声发射累计能量为 0.0028，相比加载速率为 0.001mm/步时减小了 41.80%，相比加载速率为 0.003mm/步时减小了 30.86%。不同加载速率下煤样破裂过程中的声发射累计计数和累计能量随着加载速率的增加逐渐减小可能是因为随着加载速率的增大，煤样内部没有充分的破坏，内部积聚的能量由于冲击性和脆性的增强，导致煤样破坏时内部的能量没有充分的释放出来，因此会出现这种现象。

参 考 文 献

[1] 宋战平，刘京，谢强，等. 石灰岩声发射特性及其演化规律试验研究 [J]. 煤田地质与勘探，2013，41（4）：61-65.
[2] 腾山邦久. 声发射（AE）技术的应用 [M]. 冯夏庭译. 北京：冶金工业出版社，1996.

5 煤岩破裂过程中声发射序列的分形特征研究

煤岩体是一种均质度差、非弹性和各向异性的材料，并且在长期的地质运动和地应力的作用下形成了各种各样的结构面。煤岩体类材料不是连续介质，存在宏观和细观的不连续性，煤岩体类材料是一种似连续又非连续、似破断又非完全破断的介质，现有的连续介质力学和散介质力学理论并不能很好地描述这种介质。分形理论是用来描述自然界的不规则以及杂乱无章的现象和行为的，完全可以满足对煤岩体这种似连续又非连续、似破断又非完全破断的介质的描述要求。因此，本章采用分形理论，对不同加载速率下、含水与不含水状态下、不同强度煤样、不同破坏类型煤岩、不同围压下煤岩及顶底板煤岩在破裂过程中的声发射计数序列进行分形特征分析，然后运用关联维数计算了这几种情况下声发射计数的分形维数值。

5.1 分形理论基本知识

5.1.1 分形理论的概述

分形理论创立于 20 世纪 70 年代，一般采用直线段、圆弧、平面和曲面来描述欧氏几何并进行分析。但是对于某些非规则的几何形态，我们采用这些规则的几何学理论一般很难去描述它们，往往会产生很大的差异。由于在现实生活中的绝大部分事物是不规则、无规律的几何形体，这导致人们很难用规则的几何学理论去解释它们，阻碍了人们对这些几何体的研究。分形几何学的创立，为我们提供了一种可精确描述不规则几何形体的方法，有利于我们对这些几何形体进行研究。

5.1.2 分形定义

分形是描述广泛存在的无规则几何形态的一种概念，分形理论有着极其广泛的实际背景，到现在为止，还没有对分形给出一个严格意义上的定义。分形最初的定义是由曼德尔布罗特于 1982 年提出的。

定义 1：若一个集合在欧氏空间中的豪斯多夫维数 D_H 恒大于其拓扑维数 D_T，亦即：$D_H > D_T$，则称该集合为分形集合，简称为分形[1~4]。

这个定义只是对其进行了初步的定义，但是这个定义本身并不严格，它并没有包括那些不具备上述特征，但是也具有显著的分形特征的集合。为了能够更好地完善分形的定义，人们开始着手对一些复杂的现象和形态进行深入的研究，研究结果发现这些复杂的现象和形态基本上都具有一些相同点，例如：表面不规则、不光滑、不平整等，这些特征都具有一定的随机性，它们的形态在不同放大倍数的"显微镜"下基本保持不变，即保持着对观察尺度的不变性。因此在1986 年 Mandelbrot 又给出了分形维数的定义。

定义 2：组成部分以某一种方式与整体相似的形体称为分形。

这个定义相对于定义 1 通俗易懂直观，这个定义认为：分形最本质的特征就是自相似性，这一定义反映了自然界中大部分物质的基本属性，即：局部与局部、局部与整体在信息、功能、形态、时间与空间等方面拥有某种特别的相似性。这个观点大多数人对其表示接受，认为这个定义相对较合适。但是也有部分学者认为：自相似性并不是分形的全部属性，它只是分形的基本属性之一，他们认为，把分形看成为拥有一些特性的集合可能更为恰当。在这种观点指导下，分形几何学家费尔康纳给出了分形的基本性质，即定义 3。

定义 3：如果某一集合具有下列性质，它就是一个分形集。

（1）F 具有精细的结构，亦即其含有很多很小的细节；

（2）F 是不规则的，以至于用传统的几何语言来描述其性质是很困难的；

（3）F 通常具有某种意义上的自相似性，或是近似的，或是统计数字意义上的；

（4）F 的"分形维数"（在某种定义方式下）一般情况下大于它的拓扑维数；

（5）在大多数令人感兴趣的情况下，F 的定义方式可以非常简单，也可能通过迭代方式产生。

到目前为止，都没有给出分形的严格定义，分形的严格定义仍是世界各国学者讨论和研究的热点问题。

针对各种不同类型的分形特征，我们应该如何对其几何形态进行描述呢？目前，分形基本参数的描述方法主要有：分形维数 D、参数 β、谱密度指数 γ 等，这三个参数之间满足一定的关系，因此只要求出这三个参数之中的任何一个就可以求出另外两个参数。这三个参数中运用最广泛的是分形维数 D，其在几何模式下描述事物的特征形态极为有效，目前为止分形维数 D 在图像生成、信号处理、内插与计算机仿真、图像压缩编码、图像处理与模式分类、分形神经网络，以及非线性混沌的研究等诸多领域中已得到广泛的应用。

从分形维数的角度来看：直线是一维的，平面是二维的，而对于处于平面上的某一特定曲线而言，其维数应在一维和二维之间，这说明曲线的性质介于直线与平面之间，而对于曲面的维数则是在二维和三维之间，这样就把"维数"的概念从整数扩展到了分数，这就是所指的"分维"。

5.1.3 分形维数

分形维数是一种对分形的复杂程度进行定量描述的方法，一般来说，自然界中的物体、现象和几何形态的分形维数要比它的拓扑维数大，拓扑维数一般是整数，而分形维数既可以是整数，也可以是分数，比拓扑维数具有更宽的定义，它不仅仅可以表征经典几何学中的点、线、面、体，它也能对不规则的物体或者事物进行准确的描述。因此，分形维数是分形几何学中的一个核心概念。由于在自然界中，分形的种类比较多，因此分维同样也具有多种定义，主要有：Hausdorff 维数 D_f、信息维数 D_i、计盒维数 D_b、容量维数 D_c 和关联维数 D 等[5~8]。

5.1.3.1 Hausdorff 维数 D_f

Hausdorff 维数也可以称为量规维数或者覆盖维数，假如一个有确定维数的几何对象，该几何对象可以用 N 个大小和形状完全相同的几何形体对其进行覆盖，这些几何形体都是原有图形的 r 倍，则可以定义这个几何形体的 Hausdorff 维数为：

$$D_f = \lim_{\delta \to 0} \frac{\ln N(r)}{\ln(1/r)} \tag{5-1}$$

式中　D_f——Hausdorff 维数；

　　$N(r)$——覆盖几何形体所需要的小几何形体的数量；

　　r——测度工具。

虽然提出了计算分形维数的 Hausdorff 维数，但是 hausdorff 维数计算起来特别复杂，难以计算，并且它没有考虑到分形集元素的多少，因此后来提出了信息维数 D_i。虽然 Hausdorff 维数具有很多的缺点，但是它对于分形理论的研究具有划时代的意义。

5.1.3.2 信息维数 D_i

首先对相同大小边长为 r 的立方体的盒子进行编号，假设分形集中的点落入第 i 个盒子里面的概率为 $P_i(r)$，那就可以把尺寸为 r 的盒子的信息量定义为：

$$I(r) = -\sum_{i=1}^{n} P_i(r) \cdot \ln(P_i(r)) \tag{5-2}$$

式中　$I(r)$——信息量的熵；

　　$P_i(r)$——点集落入第 i 个盒子的概率。

以式（5-2）为基础，然后可以定义信息维数为：

$$D_i = \lim_{r \to 0} \frac{I(r)}{\ln(1/r)} \tag{5-3}$$

式中 D_i——信息维数;

  $I(r)$——信息量的熵;

   r——立方体盒子边长的大小。

由于信息维数需要先求出信息量的熵,这在实际中很难求出,因此应用起来很麻烦,也很难推广。

5.1.3.3 计盒维数 D_b[9~11]

计盒维数(Boxeounting dimension)也可以称为盒维数(Box dimension),由于盒维数在计算和经验估算过程中相对比较简单一些,因此盒维数的应用相对比较广泛。

假设 F 是实数集 R^n 中任意非空的有界子集,$N_\delta(F)$ 是覆盖 F 的集的最少个数,它的直径最大为 δ,则 F 的上计盒维数和下计盒维数可以定义为:

$$\underline{D_b}F = \lim_{\delta \to 0} \inf \frac{\lg N_\delta(F)}{-\lg\delta} \tag{5-4}$$

$$\overline{D_b}F = \lim_{\delta \to 0} \sup \frac{\lg N_\delta(F)}{-\lg\delta} \tag{5-5}$$

式中 $\overline{D_b}F$——上计盒维数;

  $\underline{D_b}F$——下计盒维数;

   δ——覆盖 F 的最大直径;

 $N_\delta(F)$——覆盖 F 的最少个数。

如果上计盒维数的值等于下计盒维数的值,则认为这个值就是 F 的盒维数或计盒维数。

$$D_b F = \lim_{\delta \to 0} \frac{\lg N_\delta(F)}{-\lg\delta} \tag{5-6}$$

5.1.3.4 容量维数 D_c

容量维数与 Hausdorff 维数具有相似的性质,也是以覆盖为基础。假设图形为 R^n 中的有限集合,以半径为 r 的小球对其进行覆盖,$N(r)$ 为可以进行覆盖的最大半径 r 时所需小球的个数,则容量维数可以定义为:

$$D_c = \lim_{r \to 0} \frac{\ln(N(r))}{\ln(1/r)} \tag{5-7}$$

式中 D_c——容量维数;

 $N(r)$——所需小球的个数;

r ——小球的半径。

5.1.3.5 关联维数 D

关于分形维数的定义有很多种，近年来发展了一种很简便的关联维数法。关联维数是通过实测数据来计算分形维数值，本节主要采用关联维数法来计算分形维数值 D。

假设声发射实验得到的一组时间序列的数据为：

$$X = \{x_1, x_2, \cdots, x_n\} \tag{5-8}$$

通过取式（5-8）的前 m 个数据，可以重构一个 m 维的相空间 R^m：

$$X_1 = \{x_1, x_2, \cdots, x_m\} \tag{5-9}$$

把式（5-8）的第一个数据去掉，然后再取前 m 个数据可以构成另一个 m 维的相空间 R^m：

$$X_2 = \{x_2, x_3, \cdots, x_{m+1}\} \tag{5-10}$$

以此类推可以构成一个 m 维的相空间为：

$$A = \begin{bmatrix} x_{11} & x_{12} & \cdots & x_{1m} \\ x_{21} & x_{22} & \cdots & x_{2m} \\ \vdots & \vdots & & \vdots \\ x_{n-m+1,\,1} & x_{n-m+1,\,2} & \cdots & x_{n-m+1,\,m} \end{bmatrix} \tag{5-11}$$

定义关联函数为：

$$C(r(k)) = \frac{1}{N^2} \cdot \sum_{i=1}^{N} \sum_{j=1}^{N} H(r(k) - |X_i - X_j|) \tag{5-12}$$

式中　$H(x)$ ——郝维赛德函数（Heavjisive），$H(x) = \begin{cases} x \geqslant 0 & 1 \\ x < 0 & 0 \end{cases}$;

　　　N ——时间序列数据的个数；

　　　$r(k)$ ——给定的尺度。

从式（5-12）中可以看出，对于每个给定的 $r(k)$，都可以计算出唯一一个 $C(r(k))$ 的值，显然如果 $r(k)$ 取得太大，使得任意两点之间的距离都要小于给定的尺度，计算出来的 $C(r(k))$ 为一个常数1；如果给定的尺度太小，使得任意两点间的距离都要大于给定的尺度，则计算出来的 $C(r(k))$ 恒为0，反映不了事物内部的信息，这都没有意义，因此我们必须给定一个合适的尺度，然后计算每一个给定的尺度的 $C(r(k))$ 值，把这点在双对数坐标中进行线性回归，直线的斜率就是关联维数的值：

$$D = \lim_{r \to 0} \frac{\ln(C(r))}{\ln r} \tag{5-13}$$

式中　D——关联维数；

　　$C(r)$——关联积分值；

　　r——给定的尺度。

5.2　含水煤岩破裂过程中声发射参数的分形特征研究

从第 3 章含水煤样破裂过程中的声发射参数特征来看，煤样破裂过程中的声发射参数特征具有不规则、非线性、复杂和不可预知性的特点。关联维数对特定序列的特征比较敏感，不同种类煤样破裂过程中声发射序列的关联维数也各不相同，为此本章选用关联维数来描述煤样破裂过程中的声发射序列的分形特征和声发射序列的关联维数随时间的变化特征。煤岩破裂过程中声发射的变化规律从本质上看是一种统计规律，与煤岩内部缺陷的统计规律有着紧密的关系，在声发射各参数中，声发射计数可以很好地反映这种规律，因此本章以声发射计数序列来分析其分形特征。

5.2.1　含水煤岩破裂过程中声发射计数分形特征分析

本节取 6 个不同尺度的 $r(k)$，根据文献 [12~15] 介绍可知，当比例系数 $k \le 0.1$ 时，声发射序列的分形特征就不明显，本节取比例系数 $k = 0.2$、0.4、0.6、0.8、1.0、1.2 等 6 个数来计算含水煤样破裂过程中的关联维数，并在双对数坐标中进行标注，进行一元线性回归，如图 5-1 所示，从图中可以看出，拟合曲线和原始数据曲线具有很好的相关性，相关性系数都大于 0.95，这说明常规和含水煤样破裂过程中的声发射计数序列在时域上具有自相似性，具有分形特征。

5.2.2　含水煤样声发射计数分形维数演化特征分析

图 5-2~图 5-4 为常规煤样 H1~H3 失稳破裂过程中声发射计数分维值的演化特征分析图，图 5-5~图 5-7 为含水煤样 H4~H6 失稳破裂过程中声发射计数分维值的演化特征分析图。从图 5-2~图 5-7 中可以看出，煤样失稳破裂过程中声发射计数分形维数存在一定的规律性。煤样破裂过程中声发射分形维数值都比较低，但是由于经过饱水处理后，水对煤样的力学特性造成了一定的改变，降低了煤样的抗压强度，减小了煤样的冲击性，因此造成含水煤样在加载初期声发射计数收集得很少，分形维数值很难计算，并且分形维数值相对常规煤样的分形维数值要低，含水煤样加载初期分形维数值的平均值为 0.5204，常规煤样加载初期分形维数值的平均值为 0.7079，常规煤样初期分形维数值相对含水煤样初期分形维数值高了 36.03%。自然煤样 H1~H3 和含水煤样 H4~H6 破裂过程中声发射计数分形

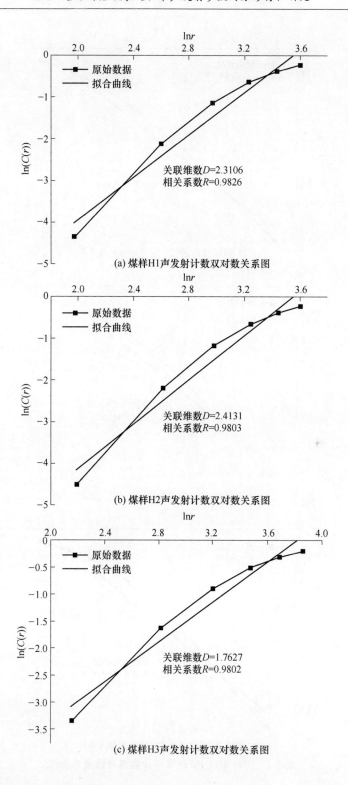

(a) 煤样H1声发射计数双对数关系图

(b) 煤样H2声发射计数双对数关系图

(c) 煤样H3声发射计数双对数关系图

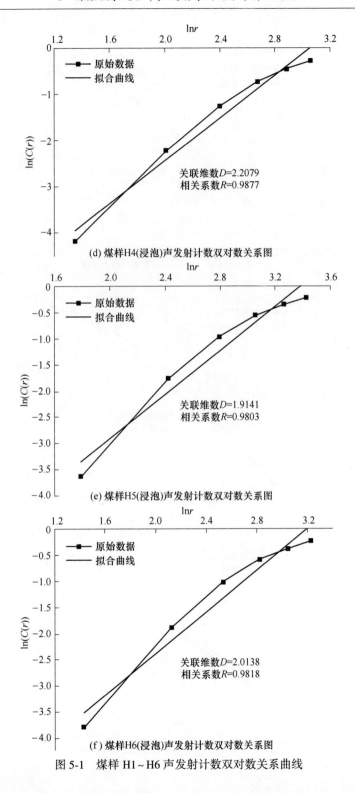

(d) 煤样H4(浸泡)声发射计数双对数关系图

(e) 煤样H5(浸泡)声发射计数双对数关系图

(f) 煤样H6(浸泡)声发射计数双对数关系图

图 5-1   煤样 H1~H6 声发射计数双对数关系曲线

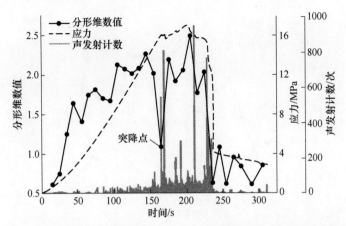

图 5-2 煤样 H1 声发射计数、应力、分形维数值与时间关系曲线

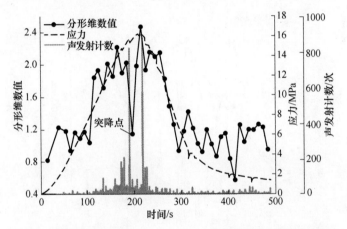

图 5-3 煤样 H2 声发射计数、应力、分形维数值与时间关系曲线

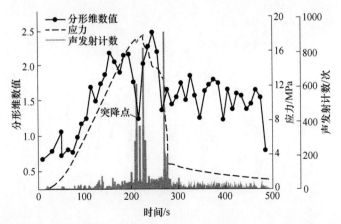

图 5-4 煤样 H3 声发射计数、应力、分形维数值与时间关系曲线

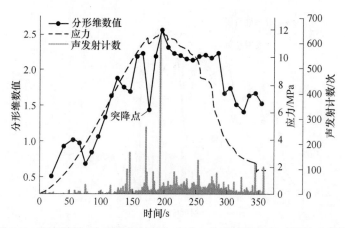

图 5-5 含水煤样 H4 声发射计数、应力、分形维数值与时间关系曲线

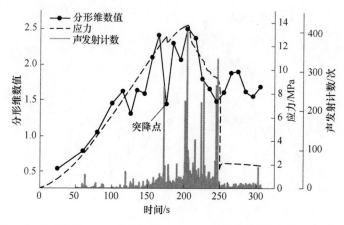

图 5-6 含水煤样 H5 声发射计数、应力、分形维数值与时间关系曲线

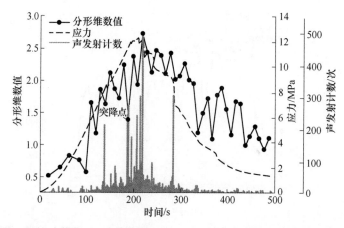

图 5-7 含水煤样 H6 声发射计数、应力、分形维数值与时间关系曲线

维数值曲线与声发射计数曲线、应力曲线具有很好的一致性，在加载初期声发射计数分形维数值都比较低，随着加载应力的逐渐增加，自然煤样和含水煤样分形维数值都会出现波动式的上升现象，并且在峰值应力附近达到最大值，峰值分形维数值随着应力和声发射计数的逐渐减小也出现减小的现象，但是自然煤样H1～H3和含水煤样H4～H6分形维数值都会在峰值分形维数值附近出现一个突降点。分形维数值这种波动上升→突降→上升到最大值的演化模式可以作为煤岩失稳破裂的一个前兆信息。

5.3　不同加载速率下煤样破裂过程中声发射参数的分形特征研究

5.3.1　不同加载速率下煤样破裂过程中声发射计数分形特征分析

图 5-8～图 5-10 为不同加载速率下煤样破裂过程中声发射计数的双对数关系曲线图。从图中可以看出，不同加载速率下煤样破裂过程中声发射计数序列的相关性系数都比较高，相关性系数都大于 0.95，说明不同加载速率下煤样破裂过程中都具有分形特征，但是从图中可以发现不同加载速率下煤样声发射计数序列的关联维数值不太一样，加载速率为 0.001mm/s 时平均关联维数为 1.7520；加载速率为 0.002mm/s 时平均关联维数为 1.6681，比加载速率 0.001mm/s 时下降了 4.79%；加载速率为 0.005mm/s 时平均关联维数为 1.4929，比加载速率 0.001mm/s 时下降了 14.79%，比加载速率 0.002mm/s 时下降了 10%。从以上数据分析可以看出，不同加载速率下煤样破裂过程中虽然都具有自相似性和分形特征，但是其自相似性的程度有所差异，自相似性的程度随着加载速率的逐渐增大而呈现减小的趋势。

5.3.2　不同加载速率下煤样声发射计数分形维数演化特征分析

图 5-11～图 5-13 为煤样 J1～J3 在加载速率 0.002mm/s 下失稳破裂过程中声发射计数分形维数值的演化特征分析图，图 5-14～图 5-16 为煤样 J4～J6 在加载速率 0.001mm/s 下失稳破裂过程中声发射计数分形维数值的演化特征分析图，图 5-17～图 5-19 为煤样 J7～J9 在加载速率 0.005mm/s 下失稳破裂过程中声发射计数分形维数值的演化特征分析图。从图 5-11～图 5-19 中可以看出，不同加载速率下煤样失稳破裂过程中的声发射计数序列分形维数值随时间的变化趋势、应力随时间和声发射计数随时间的变化趋势具有很强的一致性，都表现出了在加载初期，声发射计数分形维数值保持在一个相对较低的水平，随着应力的逐渐增加，由于煤样的原生裂隙和孔隙被压密，声发射计数开始出现跳跃式的增加，不同加载速率下煤样声发射计数的分形维数值也出现了波动式的上升趋势；随着应力的持续增加，煤样由初始压密期开始进入到弹性阶段，该阶段煤样开始产生新的微裂隙

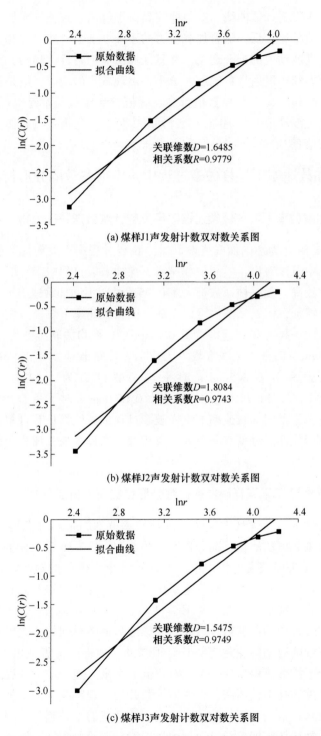

(a) 煤样J1声发射计数双对数关系图

(b) 煤样J2声发射计数双对数关系图

(c) 煤样J3声发射计数双对数关系图

图 5-8 加载速率 0.002mm/s 时煤样声发射计数双对数关系图

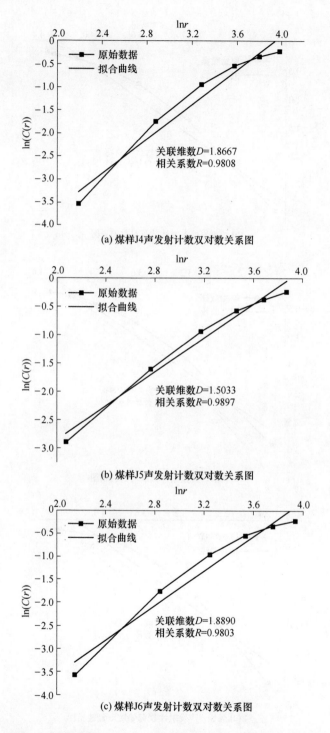

(a) 煤样J4声发射计数双对数关系图

(b) 煤样J5声发射计数双对数关系图

(c) 煤样J6声发射计数双对数关系图

图5-9 加载速率0.001mm/s时煤样声发射计数双对数关系图

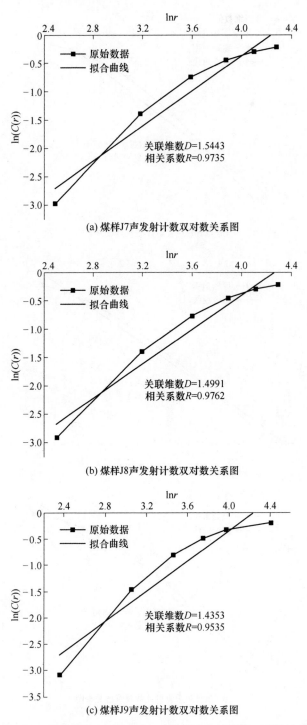

(a) 煤样J7声发射计数双对数关系图

(b) 煤样J8声发射计数双对数关系图

(c) 煤样J9声发射计数双对数关系图

图 5-10   加载速率 0.005mm/s 时煤样声发射计数双对数关系图

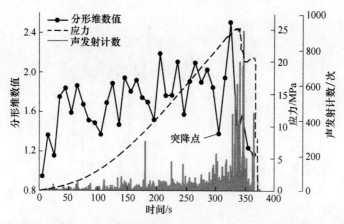

图 5-11 加载速率 0.002mm/s 下煤样 J1 声发射计数、应力、分形维数值与时间关系曲线

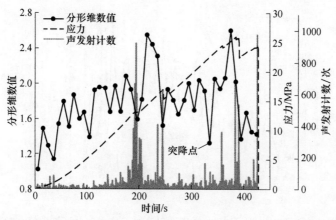

图 5-12 加载速率 0.002mm/s 下煤样 J2 声发射计数、应力、分形维数值与时间关系曲线

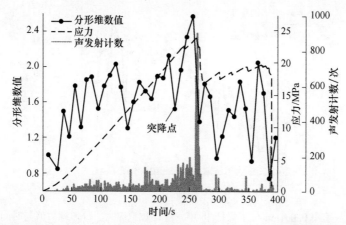

图 5-13 加载速率 0.002mm/s 下煤样 J3 声发射计数、应力、分形维数值与时间关系曲线

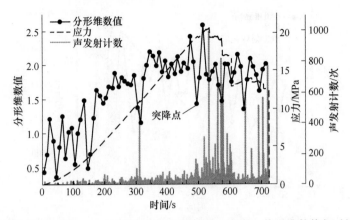

图 5-14　加载速率 0.001mm/s 下煤样 J4 声发射计数、应力、分形维数值与时间关系曲线

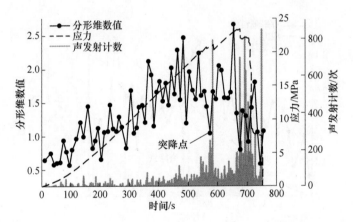

图 5-15　加载速率 0.001mm/s 下煤样 J5 声发射计数、应力、分形维数值与时间关系曲线

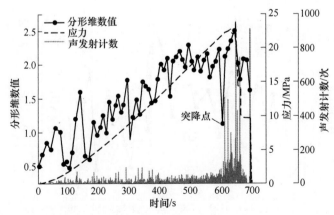

图 5-16　加载速率 0.001mm/s 下煤样 J6 声发射计数、应力、分形维数值与时间关系曲线

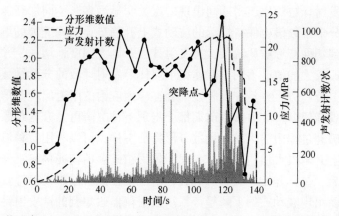

图 5-17 加载速率 0.005mm/s 下煤样 J7 声发射计数、应力、分形维数值与时间关系曲线

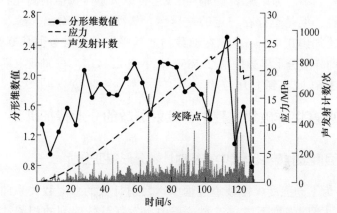

图 5-18 加载速率 0.005mm/s 下煤样 J8 声发射计数、应力、分形维数值与时间关系曲线

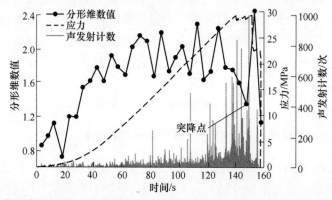

图 5-19 加载速率 0.005mm/s 下煤样 J9 声发射计数、应力、分形维数值与时间关系曲线

和孔隙，声发射计数相比压密期间出现的次数明显增多，不同加载速率下煤样声发射计数的分形维数值也保持持续的波动式上升趋势；随着应力的继续增加，煤样开始进入到塑性变形破坏阶段，声发射计数开始大幅度地增加，并且会跳跃式地出现一些比较大的值，不同加载速率下煤样声发射计数的分形维数值也保持持续的波动式上升趋势，并且在此阶段都会在峰值应力的附近出现分形维数值的最大值，在出现峰值分形维数值的前期都会出现一种突降再上升的现象，这种现象和含水煤样破裂过程中的声发射计数分形特征一样，可以利用这种波动式上升→突降→继续上升至最大值的现象作为煤岩体失稳破裂的前兆信息；经过塑性变形破坏阶段之后，煤样开始进入到峰后破坏阶段，在此阶段声发射计数会随着应力的逐渐减小而出现波动式的下降趋势，声发射仪器收集到的声发射计数的密度开始大幅下降，不同加载速率下煤样声发射计数的分形维数值在此阶段都会出现一定程度的下降。不同加载速率下煤样声发射计数分形维数值的演化特征虽然具有很大的共同性，但是也存在一定的差异性，从图中可以看出，随着加载速率从 0.001mm/s 增加到 0.005mm/s，在加载初期其平均分形维数值从 0.5343 增加到 1.0541，平均峰值分形维数值从 2.5850 减小到 2.4414，在加载末期其平均分形维数值从 1.3061 减小到 1.1647。

5.4   不同强度煤样破裂过程中声发射参数的分形特征研究

5.4.1   不同强度煤样破裂过程中声发射计数分形特征分析

图 5-20 为不同强度煤样破裂过程中声发射计数的双对数关系曲线图。从图中可以看出，不同强度下煤样破裂过程中声发射计数序列的相关性系数都比较高，相关性系数都大于 0.95，说明不同强度煤样破裂过程中都具有分形特征，但是从图 5-20、图 5-21 和表 5-1 中可以发现不同强度下煤样声发射计数序列的关联维数值不太一样，分形维数值与峰值应力呈现出负相关关系，随着峰值应力的增加不同强度煤样的分形维数值逐渐减小，不同强度煤样的分形维数值与波速、密度和弹性模量没有直接的关系。不同强度的分形维数值与峰值应力的关系经过线性拟合得到了其关系式，如下式所示：

$$\sigma = 98.9189 - 43.2197D \tag{5-14}$$

5.4.2   不同强度煤样声发射计数分形维数演化特征分析

图 5-22~图 5-24 为不同强度煤样在加载速率 0.002mm/s 下失稳破裂过程中声发射计数分形维数值的演化特征分析图。从图中可以看出，不同强度煤样失稳破裂过程中的声发射计数序列分形维数值随时间的变化趋势和应力随时间和声发射计数随时间的变化趋势具有很强的一致性，都表现出了在加载初期声发射计数

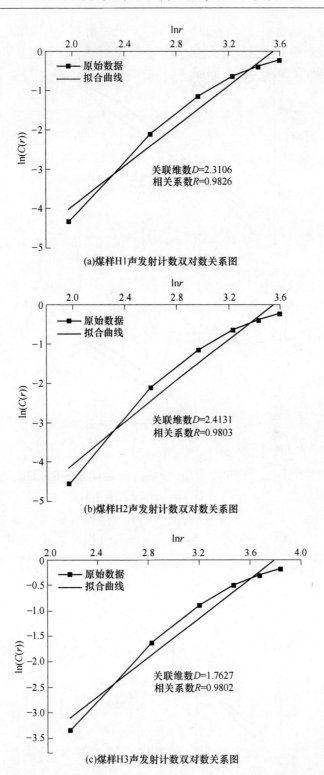

(a)煤样H1声发射计数双对数关系图

(b)煤样H2声发射计数双对数关系图

(c)煤样H3声发射计数双对数关系图

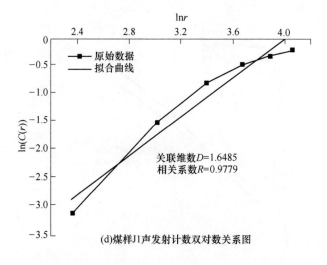

(d)煤样J1声发射计数双对数关系图

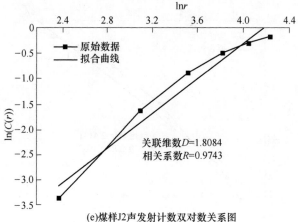

(e)煤样J2声发射计数双对数关系图

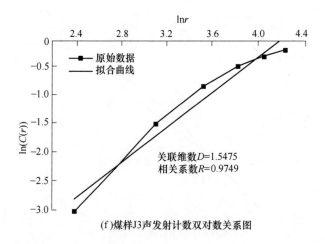

(f)煤样J3声发射计数双对数关系图

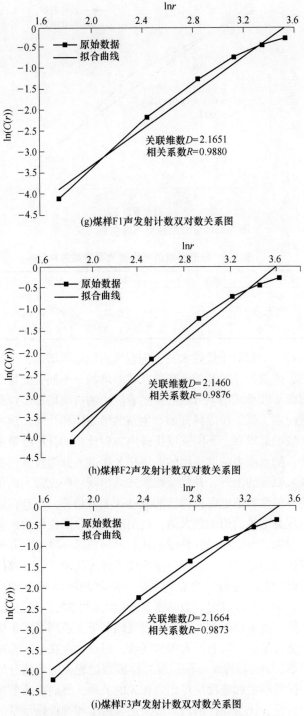

(g)煤样F1声发射计数双对数关系图

(h)煤样F2声发射计数双对数关系图

(i)煤样F3声发射计数双对数关系图

图5-20 不同强度煤样声发射计数双对数关系图

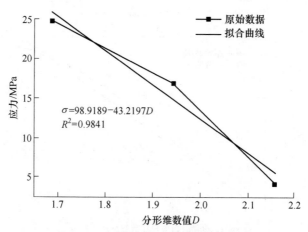

图 5-21 分形维数值与峰值应力关系图

表 5-1 分形维数值与物理力学参数关系

编号	波速/m·s⁻¹	密度/g·cm⁻³	弹性模量/GPa	峰值应力/MPa	分形维数值
J 组	1693.79	1.37	4.177	24.991	1.6681
H 组	1882.82	1.59	5.483	17.017	1.9414
F 组	1433.09	1.35	1.677	4.446	2.1592

分形维数值保持在一个相对较低的水平，随着应力的逐渐增加，由于煤样的原生裂隙和孔隙被压密，声发射计数开始出现跳跃式的增加，不同强度煤样声发射计数的分形维数值也出现了波动式的上升趋势；随着应力的持续增加，煤样由初始压密期开始进入到弹性阶段，该阶段煤样开始产生新的微裂隙和孔隙，声发射计数相比压密期间出现的次数明显增多，不同强度煤样声发射计数的分形维数值也保持持续的波动上升趋势；随着应力的继续增加，煤样开始进入到塑性变形破坏阶段，声发射计数开始出现大幅度的上升，并且会跳跃式地出现一些比较大的值，不同强度煤样声发射计数的分形维数值也保持持续的波动式上升趋势，并且在此阶段都会在峰值应力的附近出现分形维数值的最大值，在出现峰值分形维数值的前期都会出现一种突降再上升的现象，可以利用这种波动式上升→突降→继续上升至最大值的现象作为煤岩体失稳破裂的前兆信息；经过塑性变形破坏阶段之后，煤样开始进入到峰后破坏阶段，在此阶段声发射计数会随着应力的逐渐减小而出现波动式的下降趋势，声发射仪器收集到的声发射计数的密度开始大幅下降，不同强度下煤样声发射计数的分形维数值在此阶段都会出现一定程度的下降。不同强度下煤样声发射计数分形维数值的演化特征虽然具有很大的共同性，但是也存在一定的差异性，从图 5-22~图 5-24 和表 5-2 中可以看出不同强度煤样破裂过程中的峰值分形维数值与煤样的超声波波速、弹性模量和密度呈现出负相关的关系，然而在峰前出现的这种突降再上升现象的上升百分比与煤样的超声波波速、密度和弹性模量呈现出正相关的关系。H 组煤样的波速、弹性模量和密度最大，突降现象上升百分比为 53.00%；J 组

煤样的波速、弹性模量和密度居中，突降现象上升百分比为 44.69%，比 H 组煤样下降了 8.31%；F 组煤样的波速、弹性模量和密度最小，突降现象上升百分比为 31.77%，比 H 组煤样下降了 21.23%，比 J 组煤样下降了 12.92%。不同强度煤样的峰值应力与煤样的峰值分形维数值和突降现象上升百分比没有明显的相关关系。

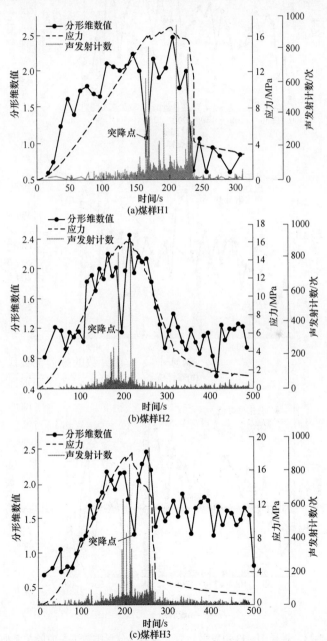

图 5-22 煤样 H1~H3 声发射计数、应力、分形维数值与时间关系曲线

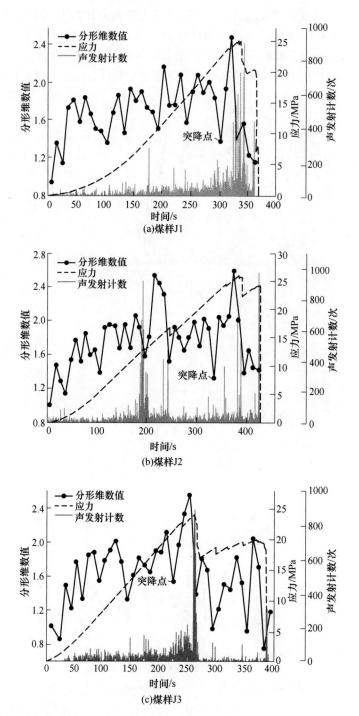

图 5-23　煤样 J1~J3 声发射计数、应力、分形维数值与时间关系曲线

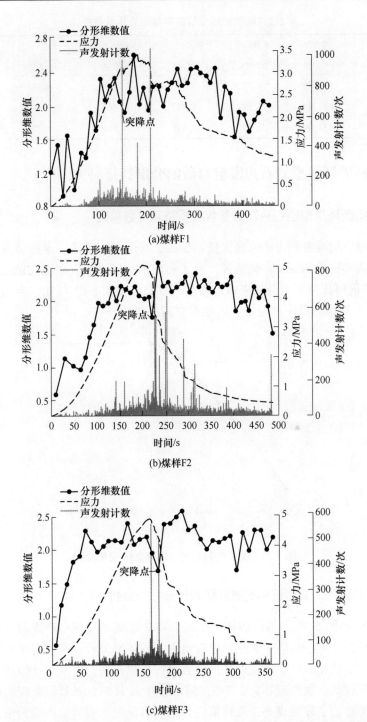

图 5-24 煤样 F1～F3 声发射计数、应力、分形维数值与时间关系曲线

表 5-2　峰值分形维数值与物理力学参数关系

编号	波速 /m·s⁻¹	密度 /g·cm⁻³	弹性模量 /GPa	峰值应力 /MPa	峰值 分维值	突降现象 上升百分比/%
J 组	1693.79	1.37	4.177	24.991	2.5588	44.69
H 组	1882.82	1.59	5.483	17.017	2.4791	53.00
F 组	1433.09	1.35	1.677	4.446	2.6027	31.77

5.5　不同破坏类型岩石声发射参数的分形特征研究

5.5.1　不同破坏类型岩石声发射参数的相空间维数确定

确定相空间维数的方法有最大值不变法、几何不变量法、虚假邻点法、预测误差最小法和最小 Shannon 熵法等，为了确定相空间维数，根据文献 [10，16~18]，本节选用几何不变量法来确定相空间维数。由图 5-25 可知，当相空间维数 $m=7$ 时，关联维数趋于稳定了，因此相空间维数选 $m=7$。

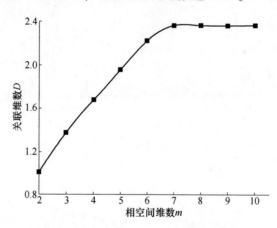

图 5-25　关联维数与相空间维数的关系曲线

5.5.2　不同破坏类型岩石声发射参数的分形特征分析

图 5-26 和图 5-27 为不同破坏类型岩石在失稳破坏过程中声发射计数分形维数值的变化曲线图。从图中观察可以看出不同破坏类型岩石声发射序列的分形维数值具有一定的相同性，声发射分形维数值在加载初期，声发射计数序列的分形维数值都比较低，脆性破坏为 1.788，塑性破坏为 1.54，并且随着应力的逐渐增加，分形维数会逐渐提高，在峰值应力附近出现分形维数值的最大值，脆性破坏的分形维数最大值为 3.153，塑性破坏的最大值为 3.238，并且在峰值分形维

数值出现之后都会出现下降现象。但是不同破坏类型岩石的分形维数值也存在一定的差异，脆性破坏岩石的分形维数值在达到峰值应力前一直在持续地增加，只是在快要接近峰值应力的时候才出现突降现象，突降现象持续的时间很短，只有10s左右，而塑性破坏岩石虽然也是在峰值应力之前分形维数值持续增加，峰值分形维数值过后会出现突降现象，但是突降现象持续的时间比较长，突降现象的时间达到了180s左右。

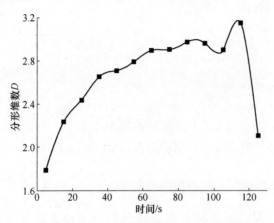

图 5-26　砂岩 A1 分形维数与时间的关系曲线

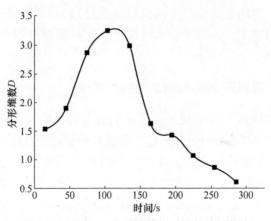

图 5-27　泥岩 B2 分形维数与时间的关系曲线

5.6　不同围压下煤岩声发射参数的分形特征研究

5.6.1　不同围压下煤岩声发射参数的相空间维数确定

确定相空间维数的方法有最大值不变法、几何不变量法、虚假邻点法、预测误差最小法和最小 Shannon 熵法等，为了确定相空间维数，根据文献［10］，本节选用几何不变量法来确定相空间维数。由图 5-28 可知，当相空间维数 $m = 6$ 时，关联维数基本不再变化，因此选相空间维数为 6。

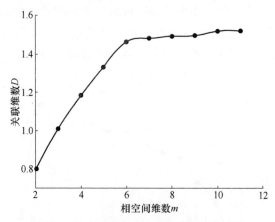

图 5-28   关联维数与相空间维数的关系曲线

5.6.2   不同围压下煤岩声发射参数的分形特征

图 5-29 为不同围压下煤样声发射序列的分形特征曲线图，从图中可以看出，拟合曲线与原始曲线的相关性系数都大于 0.95，这说明煤样声发射计数序列具有分形特征，对比不同围压下的关联维数可知，不同围压下关联维数各不相同，随着围压的增大，关联维数逐渐增大，煤样破裂过程中的自相似性有所增强。

5.6.3   不同围压下煤岩失稳破坏过程中的分形特征

图 5-30 为不同围压下煤样破裂过程中的分形特征曲线，从中可以看出，虽然不同围压下煤样破裂过程中的分形特征曲线大不相同，但是曲线的变化趋势具有一定的相同性，不同围压下煤样的分形特征曲线都会经历一个先下降再上升再突然下降的过程，在峰值应力附近会出现一个分形维数值的最大值。不同围压下煤样的分形特征具有一定的相同性，也存在一定的差异性，虽然在加载初期由于煤样内部存在着不同数量的微裂隙和孔隙，随着载荷的增加，这些原始裂隙和孔隙会被压实，分形维数值会呈现出很大的波动性，但是随着围压的增大，分形维数值的初始值会逐渐下降。随着载荷的继续增加，煤样内部的原生裂隙和孔隙被压实，新的微裂隙和孔隙开始逐渐地发展，再到汇聚、贯通，出现局部的破坏带，声发射分形维数值从无序开始向有序发展，声发射分形维值会出现一个上升的过程，之后会出现一个突降的现象。这种波动→上升→突降的现象可以认为是一种煤岩体失稳破坏的前兆。

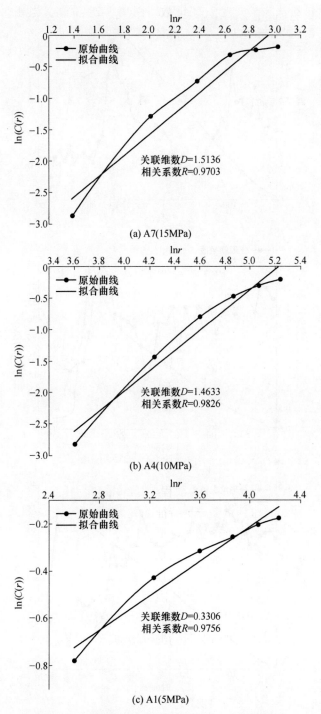

(a) A7(15MPa)

(b) A4(10MPa)

(c) A1(5MPa)

图 5-29　不同围压下煤样声发射序列的分形特征

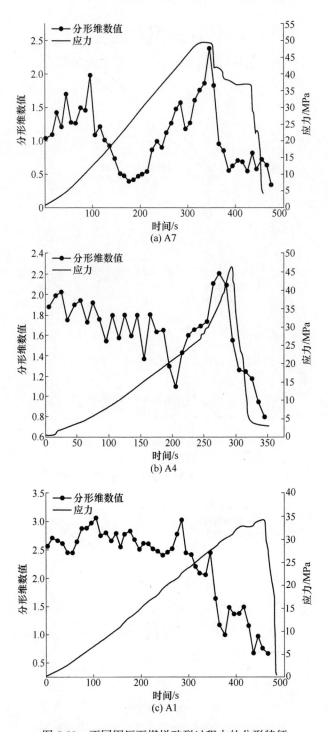

图 5-30　不同围压下煤样破裂过程中的分形特征

5.7 顶底板煤岩声发射参数的分形特征研究

图 5-31~图 5-33 分别为砂岩、砂质泥岩和戊组煤试样分形维数值 D 随时间的变化曲线图。煤岩声发射分形维数值作为内部微裂纹无序性的度量，可以很好地反映这些微破裂的演化规律。从图 5-31~图 5-33 中观察可以看出，在加载初期，煤岩声发射分形维数值都比较小，但是煤样的分形维数值相对较大，砂岩和砂质泥岩声发射分形维数值都会出现先降后升的现象，但是煤样的声发射分形维数值是直线上升的。随着应力的增加，煤岩试样声发射分形维数值也持续增大，并且都会在峰值应力处出现一个峰值分形维数值。随着应力的持续增加，在加载后期，煤岩试样声发射分形维数值开始出现下降现象，砂岩和砂质泥岩声发射分形维数值下降得比较快，煤样声发射分形维数值下降得比较慢，并且在煤岩试样

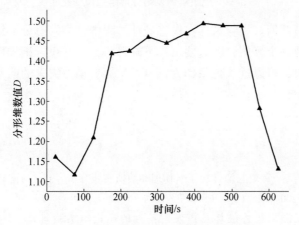

图 5-31 砂岩声发射分形维数值变化曲线

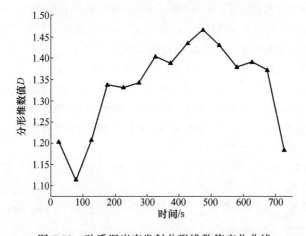

图 5-32 砂质泥岩声发射分形维数值变化曲线

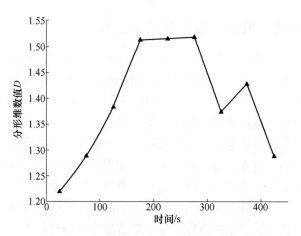

图 5-33　戊组煤声发射分形维数值变化曲线

破坏前下降到最低值。煤岩试样在失稳破坏过程中，声发射分形维数值都会在峰值应力附近出现一个峰值，随后便出现下降趋势，并在煤岩试样破坏前出现下降到最低值的现象，可以这些现象作为预测发生煤岩动力灾害的前兆。

参 考 文 献

[1] 段新伟，李宝富. 砂岩三轴常规压缩物理和数值实验分析 [J]. 河南理工大学学报（自然科学版），2009，28（5）：654-657.

[2] 赵洪宝. 含瓦斯煤失稳破坏及声发射特性的理论与实验研究 [D]. 重庆：重庆大学，2009.

[3] 辛厚文. 分形理论及其应用 [M]. 合肥：中国科学技术大学出版社，1993.

[4] 金以文，鲁世杰. 分形几何原理及其应用 [M]. 杭州：浙江大学出版社，1998.

[5] 陈颙，陈凌. 分形几何学 [M]. 北京：地震出版社，1998.

[6] 沙震，阮火军. 分形与拟合 [M]. 杭州：浙江大学出版社，2005.

[7] 孙霞，吴自勤，黄畇. 分形理论及其应用 [M]. 合肥：中国科学技术大学出版社，2003.

[8] 侯佳男. 含孔洞岩石损伤破坏过程中声发射试验研究 [D]. 沈阳：东北大学，2009.

[9] 李元辉，刘建坡，赵兴东，等. 岩石破裂过程中的声发射 b 值及分形特征研究 [J]. 岩土力学，2009，30（9）：2559-2574.

[10] 高峰，李建军，李肖，等. 岩石声发射特征的分形分析 [J]. 武汉理工大学学报，2005，27（7）：67-69.

[11] 张济忠. 分形 [M]. 北京：清华大学出版社，1995.（Zhang Jizhong. Fractal [M]. Beijng：Tsinghua University Press，1995.（in Chinese））

[12] 袁子清，唐礼忠. 岩爆倾向岩石的声发射特征试验研究 [J]. 地下空间与工程学报，

2008, 4 (1)：94-98.

[13] Biancolini M E, Brutti C, Paparo G, et al. Fatigue cracks nucleation on steel, acoustic emission and fractal analysis [J]. International Journal of Fatigue, 2006, 28：1820-1825.

[14] Landis N E, Shah S P. Recovery of microcrack parameters in mortar using quantitative acoustic emission [J]. Nonde-structive Eval, 1993, 12 (4)：219-232.

[15] Rudajeva V, Vilhelm J, Lokajicek T. Laboratory studies of acoustic emission prior to uniaxial compressive rock failure [J]. International Journal of Rock Mechanics and Mining Sciences, 2000, 37：699-704.

[16] 吴贤振, 刘祥鑫, 梁正召, 等. 不同岩石破裂全过程的声发射序列分形特征试验研究 [J]. 岩土力学, 2012, 33 (12)：3561-3569.

[17] 王更峰. 岩石声发射 Kaiser 点信号特征研究 [D]. 赣州：江西理工大学, 2007：62-63.

[18] 梁忠雨, 高峰, 蔺金太, 等. 单轴下岩石声发射参数的分形特征 [J]. 力学与实践, 2009, 32 (1)：43-46.

6 基于声发射参量的煤样损伤模型研究

6.1 引言

岩石在受力失稳破坏的过程中，其内部将会发生微破裂，同时会出现原始裂隙的闭合，新裂纹不断产生、扩展、断裂、汇合贯通。其间，以弹性波的形式释放应变能的现象称作声发射（acoustic emission，AE）[1~3]。声发射过程和材料的损伤过程必然存在一定的关系。

国内外许多学者对煤岩的声发射特性进行了研究。在国外，Vinod. K. Garga[4]作了钙质砂岩应力-应变过程声发射测试结果，发现不同的声发射率参数对声发射过程中的状态改变具有不同的敏感性。Nakasa[5]利用计算机模拟技术对声发射参数进行了研究之后指出，峰值幅度分布的形状同传感器到声发射源之间的距离没有依赖关系，而是完全取决于破裂本身的特征。F. Satoshi等[6]对声发射测试煤层压力分布时，对钻孔直径与声发射参数做了定量研究。国内学者谭云亮等[7]在分析煤矿坚硬顶板运动过程中声发射规律时，将声发射的分形特征作为顶板来压的特征。刘保县等[8]对单轴压缩煤岩损伤演化及声发射特性进行研究后指出，声发射信息反映煤岩内部的损伤破坏情况，与其内部原生裂隙的压密及新裂隙的产生、扩展、贯通等演化过程密切相关，煤岩的声发射特征能较好地描述其变形和损伤演化特征。唐书恒等[9]对饱和含水煤岩在单轴压缩下的声发射特征进行了研究。陈宇龙等[10]在单轴压缩条件下对岩石声发射特性进行了试验研究。赵洪宝等[11]对含瓦斯煤声发射特性试验及损伤方程进行了研究。综上所述，国内外学者对煤岩破裂的声发射特性进行了大量的研究，取得了大量的成果，但是对于煤岩破裂过程的声发射参数与损伤的关系研究相对较少，本章首先采用 AE 事件数和累计数作为声发射特征研究参量，建立了煤样损伤的微观和宏观模型，然后对煤样进行单轴压缩实验，对基于声发射参数的宏观损伤模型进行了验证，得出了基于声发射参量的煤样损伤模型，为预测煤体破裂过程中的破裂前兆信息，评价煤体的稳定状态具有重要的理论和现实意义。

6.2 单轴压缩下煤样损伤模型的基本原理

Kachanov（1958）[12]首次提出了连续度 ψ 的概念，并利用连续度 ψ 来对材料的逐渐衰变进行描述。其连续度的计算公式如下：

$$\psi = \frac{S'}{S_m} \tag{6-1}$$

式中 ψ——连续度；

$\quad S'$——损伤后的有效承载面积；

$\quad S_m$——无损状态时的横截面面积。

Rabotnov（1963）[13]对上述公式进行了变换，并首次提出了损伤因子的概念，即：

$$D = \frac{S_m - S'}{S_m} = \frac{S}{S_m} \tag{6-2}$$

式中 D——损伤因子。

有效承载面积是通过对所有的缺陷形式和损伤机制进行统计分析而确定的，这是相当困难的。鉴于这些困难，1971年，法国科学家 Lemaitre[14]提出了应变等效假设，间接地测定了材料的损伤。其公式如下：

$$\varepsilon = \frac{\sigma_1}{E} = \frac{\sigma}{E(1 - D)} = \frac{\sigma}{E_1} \tag{6-3}$$

式中 σ——轴向应力，MPa；

$\quad \sigma_1$——轴向有效应力，MPa；

$\quad E$——材料的弹性模量，GPa；

$\quad E_1$——损伤后材料的弹性模量，GPa；

$\quad \varepsilon$——轴向应变。

由式（6-3）得到在单轴压缩下材料损伤的模型：

$$\sigma = E\varepsilon(1 - D) \tag{6-4}$$

6.3 基于声发射累计计数的煤样损伤模型

假设无损煤样整个断面 S_m 完全破坏的声发射累计计数为 ϕ_0（假设残余应力为零），则在单位损伤面积微元上所产生的声发射计数 ϕ_w 为：

$$\phi_w = \frac{\phi_0}{S_m} \tag{6-5}$$

当断面损伤面积为 S 时声发射累计计数为：

$$\phi_d = \phi_w S = \frac{\phi_0}{S_m} S \tag{6-6}$$

对式（6-6）进行变换得：

$$\frac{\phi_d}{\phi_0} = \frac{S}{S_m} = D \tag{6-7}$$

在实际实验过程中，由于试验机刚度不够或者设定煤样破坏的条件不相同，煤样还没有完全破坏时，试验机就停机了。为了对上述公式进行修正，笔者引入了剩余损伤因子 D_r 这一参数，得到修正的公式为：

$$D = (1 - D_r) \frac{\phi_d}{\phi_0} \tag{6-8}$$

式中　D_r——损伤残余因子；

　　　ϕ_0——当损伤达到 $(1 - D_r)$ 时的声发射累计计数。

由于损伤残余因子计算相对比较麻烦，通常把试样进入峰后残余变形阶段时的残余应力与峰值时应力的比值近似为其损伤残余因子。其计算公式为：

$$D_r = \frac{\sigma_r}{\sigma_p} \tag{6-9}$$

式中　σ_r——残余强度，MPa；

　　　σ_p——峰值强度，MPa。

联立式（2-4）、式（3-4）和式（3-5）得到在单轴压缩下煤岩破裂过程宏观声发射计数的损伤宏观模型为：

$$
\begin{aligned}
\sigma &= (1 - D)E\varepsilon \\
&= \left[1 - (1 - D_r) \frac{\phi_d}{\phi_0} \right] E\varepsilon \\
&= \left[1 - \left(1 - \frac{D_r}{\sigma_p} \right) \frac{\phi_d}{\phi_0} \right] E\varepsilon
\end{aligned}
\tag{6-10}
$$

6.4　岩样特征和试验方法

6.4.1　岩样特征

实验所用煤样采自平煤集团八矿戊组煤，煤样选取 300mm×300mm 大块煤样。在实验室按照规程的要求，沿垂直层理方向加工成直径为 50mm、长度为 100mm 的标准煤样，部分煤样如图 6-1 所示。

6.4.2　试验方法

室内试验设备是由 RMT-150B 岩石力学试验系统与北京科海恒生科技有限公司开发研制的 CDAE-1 型声发射系统（见图 6-2）组成的。采用位移控制方式，轴向加载速率均为 0.005mm/s。

(a) 加工前煤样

(b) 加工成的煤样

图 6-1 加工前后的煤样

图 6-2 试验系统

6.5 试验结果与分析

笔者在单轴压缩下煤样损伤模型的基本原理上建立了基于声发射累计计数的

煤样损伤模型，使声发射参量与损伤之间建立起了定量的关系，为采用声发射参量对煤类材料的损伤进行分析提供了理论基础。为了找出煤的声发射参量与应力-应变耦合关系，在单轴压缩条件下对煤样进行了声发射实验，并对试验结果和所建立的基于声发射参数的煤样损伤模型的相关程度进行了验证。煤样在单轴压缩实验下得到煤样变形及声发射计数参数曲线如图6-3~图6-5所示。式（6-8）与式（6-9）表述了声发射参量与损伤因子之间的关系，利用上述两个公式对轴向应变 ε_1 与损伤因子 D 进行归一化处理，得到如图6-5所示的关系曲线图。根据基于声发射的煤样损伤模型，利用在声发射实验中所测得的声发射参量从理论上计算出了基于声发射参量的应力-应变曲线，并将其与试验结果曲线进行对比分析，如图6-6所示。从图6-6中可以看出，理论值与实际值相差不大，说明可以运用基于声发射参量的煤样损伤模型来描述煤样的破裂损伤过程是可行的。

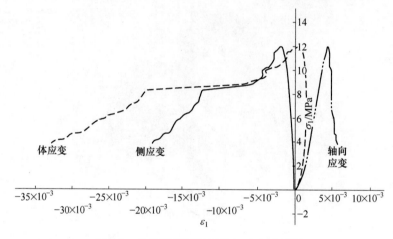

图 6-3　单轴压缩下煤样应力-应变曲线图

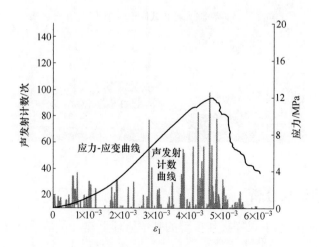

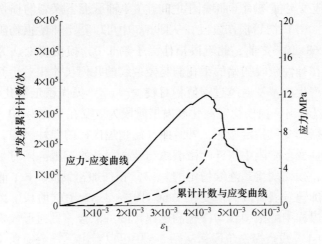

图 6-4 单轴压缩下煤样声发射参量与应力-应变关系

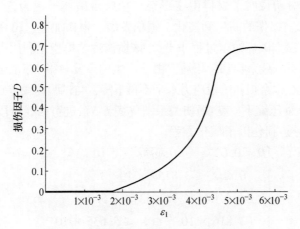

图 6-5 单轴压缩下试样应变-损伤关系图

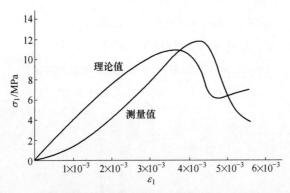

图 6-6 单轴压缩下煤样理论应力-应变曲线与试验曲线对比

由图 6-5 应变与损伤因子曲线图可知，在单轴压缩下煤岩的损伤演化大致可分为 4 个阶段：（1）初始损伤阶段，从图 6-5 中可以看出初始损伤阶段为加压至轴向应变达 1.68×10^{-3} 之前，此阶段损伤因子趋于 0，损伤理论认为煤岩处于弹性变形阶段，在弹性阶段初始的微孔洞与微裂纹的几何尺寸相对于其他阶段改变很小，微破裂产生的声发射越过阈值相对较少。（2）损伤稳定演化和发展阶段，从图 6-5 中可以看出，损伤稳定演化和发展阶段为应变在 $1.688 \times 10^{-3} \sim 3.66 \times 10^{-3}$ 阶段。此阶段损伤变量稳定增大，外载荷开始越过煤样的弹性极限，进入塑性变形阶段，在塑性变形阶段中煤样的微裂纹与微孔洞开始扩展，同时会产生新的微裂纹与微孔洞，损伤变化是连续稳定的。（3）损伤加速发展阶段，从图 6-5 中可以看出，损伤加速发展阶段为应变在 $3.66 \times 10^{-3} \sim 4.82 \times 10^{-3}$ 阶段。此阶段损伤变量急速上升，煤样中的微裂纹与微孔洞迅速扩展、汇合、贯通形成宏观裂隙，产生宏观破坏。（4）残余损伤阶段，从图 6-5 中可以看出，残余损伤阶段为应变大于 4.82×10^{-3} 以后阶段，此阶段损伤因子基本不变，但是轴向应变逐渐增大。通过图 6-5 和上述分析说明了煤样由变形至产生宏观破坏可视为逐渐发展的过程，主要会经历变形、损伤的萌生和演化、损伤发展、损伤加速、出现宏观裂纹等过程，再由裂纹扩展到破坏的全过程[15,16]。该损伤理论模型是利用声发射参量来进行表述的，煤样进入残余损伤阶段后，由于产生的声发射很少，因此，在图 6-6 中会出现理论曲线在残余损伤阶段应力水平不再下降，与试验曲线差别较大的情况。

对煤样在单轴压缩下应变-损伤关系图（图 6-5）进行曲线分段拟合，可以得到试验煤样的应变-损伤因子演化方程：

$$
\begin{cases}
D = 0.027\varepsilon^2 - 0.043\varepsilon + 0.013 \\
\quad (0 \leqslant \varepsilon \leqslant 3.8157 \times 10^{-3}) \\
D = -0.244\varepsilon^2 + 2.537\varepsilon - 5.904 \\
\quad (3.816 \times 10^{-3} \leqslant \varepsilon \leqslant 5.635 \times 10^{-3})
\end{cases}
$$

根据上述拟合结果和式（6-10）联立得到该类试样的声发射参量的一维损伤本构方程为：

$$
\begin{cases}
\sigma = 3.86\varepsilon(-0.027\varepsilon^2 + 0.043\varepsilon + 0.987) \\
\quad (0 \leqslant \varepsilon \leqslant 3.8157 \times 10^{-3}) \\
\sigma = 3.86\varepsilon(0.244\varepsilon^2 - 2.537\varepsilon + 6.904) \\
\quad (3.816 \times 10^{-3} \leqslant \varepsilon \leqslant 5.635 \times 10^{-3})
\end{cases}
$$

参 考 文 献

[1] 曹树刚，刘延保，张立强. 突出煤体变形破坏声发射特征的综合分析 [J]. 岩石力学与工

程学报, 2007 (S1): 2794-2799.

[2] 苏承东, 高保彬, 南华, 等. 不同应力路径下煤样变形破坏过程声发射特征的试验研究 [J]. 岩石力学与工程学报, 2009, 28 (4): 757-766.

[3] 宿辉, 李长洪. 不同围压条件下花岗岩压缩破坏声发射特征细观数值模拟 [J]. 北京科技大学学报, 2011, 33 (11): 1312-1318.

[4] Vinod K Garga. A Study of Acoustic Emission Parameters and Shear Strength of Sand [C]. Progress in Acoustic Emission V. The Japaness Society for NDT, 1990.

[5] Nakasa H. Availability of Acoustic Emission Amplitude Distribution as Fractal [C]. Progress in Acoustic Emission Ⅳ. Kobe, Japan, 1988.

[6] Satoshi F, Watanabe, Yoshiteru. Relation between bit diameter and AE activities during boring in coal seam: study on acoustic activity due to advance in coal seam [J]. Journal of the Mining and Metallurgical Institute of Japan, 1988, 104 (1201): 871-876.

[7] 谭云亮, 王学水. 坚硬老顶周期来压声发射前兆分析 [J]. 山东矿业学院学报, 1993, 12 (3): 236-239.

[8] 刘保县, 黄敬林, 王泽云, 等. 单轴压缩煤岩损伤演化及声发射特征研究 [J]. 岩石力学与工程学报, 2009, 28 (增1): 3233-3238.

[9] 唐书恒, 颜志丰, 朱宝存, 等. 饱和含水煤岩单轴压缩条件下的声发射特征 [J]. 煤炭学报, 2010, 35 (1): 37-41.

[10] 陈宇龙, 魏作安, 许江, 等. 单轴压缩条件下岩石声发射特性的实验研究 [J]. 煤炭学报, 2011, 36 (增2): 237-240.

[11] 赵洪宝, 尹广志. 含瓦斯煤声发射特性试验及损伤方程研究 [J]. 岩土力学, 2011, 32 (3): 667-671.

[12] Kachanov L M. On the time to failure under creep condition [J]. Izv. Akad. Nauk. USSR. Otd. Tekhn. Nauk., 1958, 8: 23-31.

[13] Rabotnov Y N. On the equations of state for creep [A]. Process in Applied Mechanics, 1963: 307-315.

[14] Lemaitre J. Evaluation of dissipation and damage in metals submitted to dynamic loading [A]. In: Proceedings of ICM1, Kyoto, 1971.

[15] 秦四清, 李造鼎, 张倬元, 等. 岩石声发射技术概论 [M]. 成都: 西南交通大学出版社, 1993.

[16] 左建平, 裴建良, 刘建峰, 等. 煤岩体破裂过程中声发射行为及时空演化机制 [J]. 岩石力学与工程学报, 2011 (8): 1564-1570.